情報科学の
基礎知識

宮内ミナミ・森本喜一郎 著

朝倉書店

本書は，株式会社昭晃堂より出版された同名書籍を再出版したものです．

まえがき

　この本は，コンピュータを使って情報を扱うことの基礎を学ぶための入門書です．おもに，初めてコンピュータや情報処理について学ぶ方を対象としています．

　これまで，人間は様々な道具を工夫して作り，それを使うことで，人間の生来の能力を補い，いろいろな活動ができるようになりました．現代では，コンピュータや通信がその代表的なものです．コンピュータで情報を扱い，通信で情報を伝達する技術は急速に進歩しており，現在のような情報化社会において，私たちの生活に欠くことのできないものとなっています．これからも，より良いものを作ることと，それをより良く使うことは，ともに私たちの重要な課題です．

　コンピュータをより良く使うためには，その操作を覚えるだけでなく，コンピュータの基本的なしくみや動作について学ぶことが大切です．表面的な知識や技能から一歩踏み込んで，基礎や原理について学ぶことで，コンピュータに特有な性質や方法を理解し，主体的にコンピュータを使い，情報を活用することができるようになると思います．

　コンピュータや情報に関して，様々な技術の基盤となる理論や方法を扱う学問が情報科学です．この本では，情報科学の基礎知識をなるべくわかりやすく簡潔に解説するよう努めました．このため，大学，短期大学，専門学校の情報基礎科目の 12 ～ 15 週分の講義の教科書として使うことも，独習書として読み進めることもできると思います．

この本の内容は次の 4 つからなっています．
1. コンピュータと情報に関する基本的な名称や用語を学ぶ．
2. コンピュータの構造やしくみを理解する．
3. コンピュータでどのように情報を扱うか (情報の表現) について学ぶ．

4. コンピュータを利用してどのように情報処理を行うか, 特にソフトウェアの役割と方法について学ぶ.

また, この本は 12 章からなっており, 1 章, 2 章でコンピュータと情報システムの概略を解説し, 3 章, 4 章, 5 章で情報の表現について, 6 章, 7 章はコンピュータのハードウェアの基本, 8～11 章はソフトウェアの役割や方法について説明し, 12 章でコンピュータとネットワークの利用について, 最近の動向も含めて解説しています. 3～11 章は, 例を挙げて説明するようにしており, 各章の章末に演習問題を設けています.

この本で学習することで, コンピュータを使って情報を扱うことの基礎を固め, さらに学習を進めていかれることと思います. 学習は山登りに似て, さらに高く登るにつれ周りがよく見えるようになるといわれています. この本が皆さんの学習の道案内として役立つことを願っています.

最後になりましたが, この本は多くの方々のご協力によって完成しました. 産能大学経営情報学部菊池光昭教授には, この本の執筆の機会をいただきました. 感謝いたします. 同学部坂野匡弘教授, 牛沢賢二助教授, 玉木彰助教授, 松村有二助教授, 山本博信講師には, この本の内容をご検討いただき, そして原稿を読んでいただいて, 貴重なご意見をいただきました. 感謝いたします. また, 執筆中お世話になった昭晃堂編集部の小林孝雄氏に感謝いたします. そして, いろいろな面で協力してくれた家族に感謝します.

1998 年 1 月

宮内ミナミ

森本喜一郎

目　　次

1　はじめに（コンピュータと情報）

1.1　情報処理について ……………………………………………………………… 1
1.2　情報とデータ …………………………………………………………………… 3
1.3　コンピュータについて ………………………………………………………… 4
1.4　コンピュータの種類(1) ………………………………………………………… 6
1.5　コンピュータの役割と利用方法 ……………………………………………… 7
　　演習問題 …………………………………………………………………………… 9

2　コンピュータのしくみ（1）―構成と動作の概要

2.1　情報システムの構成 ……………………………………………………………11
2.2　コンピュータの基本構成 ………………………………………………………13
　　2.2.1　中央処理装置(CPU) ……………………………………………………13
　　2.2.2　記憶装置 …………………………………………………………………14
　　2.2.3　入出力装置(I/O) …………………………………………………………16
2.3　コンピュータの種類(2) …………………………………………………………17
2.4　コンピュータの動作 ……………………………………………………………18
　　2.4.1　動作手順の例 ……………………………………………………………18
　　2.4.2　（参考）基本動作―命令の実行 ………………………………………19
　　2.4.3　（参考）基本動作―データの転送 ……………………………………21
　　演習問題 ……………………………………………………………………………21

3　情報の表現（1）— 2進数の数値表現

3.1　コンピュータ内部の情報 ……………………………………………23
3.2　数の表現 ………………………………………………………………24
　3.2.1　10進数 …………………………………………………………24
　3.2.2　2進数 …………………………………………………………24
　3.2.3　8進数と16進数 ………………………………………………25
　3.2.4　バイトとビット ………………………………………………25
3.3　基数の変換 ……………………………………………………………25
　演 習 問 題 …………………………………………………………………32

4　情報の表現（2）—負の数の表現，2進数の演算

4.1　負の数の表現 …………………………………………………………33
　4.1.1　補　　数 ………………………………………………………34
4.2　2進数の四則演算 ……………………………………………………37
　4.2.1　加　　算 ………………………………………………………37
　4.2.2　減　　算 ………………………………………………………38
　4.2.3　（参考）乗算 …………………………………………………41
　4.2.4　（参考）除算 …………………………………………………42
　演 習 問 題 …………………………………………………………………43

5　情報の表現（3）—実数と文字の表現

5.1　浮動小数点法による実数の表現 ……………………………………44
　5.1.1　固定小数点方式 ………………………………………………45
　5.1.2　浮動小数点方式 ………………………………………………46
5.2　文字コード ……………………………………………………………49

5.2.1　ASCII コード ……………………………………50
　　5.2.2　漢字コード ………………………………………51
　5.3　論理値の表現 …………………………………………52
　演 習 問 題……………………………………………………52

6　コンピュータのしくみ（2）― 2値の論理と演算

　6.1　ブール代数 ……………………………………………54
　　6.1.1　基本論理演算 ……………………………………55
　　6.1.2　真理値表 …………………………………………55
　　6.1.3　定　理 ……………………………………………56
　　6.1.4　論理式 ……………………………………………57
　6.2　論理回路 ………………………………………………58
　　6.2.1　基本論理回路 ……………………………………60
　　6.2.2　（参考）論理式から基本論理回路への変換 ……65
　演 習 問 題……………………………………………………65

7　コンピュータのしくみ（3）―演算と記憶の方式

　7.1　演算回路 ………………………………………………67
　　7.1.1　算術演算 …………………………………………67
　　7.1.2　論理演算 …………………………………………71
　　7.1.3　算術論理演算部（ALU） …………………………71
　7.2　記憶回路 ………………………………………………72
　　7.2.1　順序回路による記憶 ……………………………72
　　7.2.2　アドレスの指定 …………………………………73
　　7.2.3　いろいろな記憶 …………………………………74
　7.3　コンピュータの構成のまとめ― CPU とメモリの構成 ……75
　演 習 問 題……………………………………………………77

8 コンピュータのソフトウェア―役割と種類，OS

8.1 命令の実行 ……………………………………………………… 78
8.2 命令とプログラム言語 …………………………………………… 80
   8.2.1 機械語 …………………………………………………… 81
   8.2.2 アセンブリ言語 ………………………………………… 81
   8.2.3 高級言語 ………………………………………………… 83
8.3 ソフトウェアの種類（体系） …………………………………… 85
8.4 オペレーティングシステム (OS) ……………………………… 86
   8.4.1 仮想マシンとしてのOS ……………………………… 87
   8.4.2 資源管理プログラムとしてのOS ……………………… 88
   8.4.3 OSの主要機能 ………………………………………… 89
   8.4.4 （参考）多重プログラミング ………………………… 90
   演 習 問 題 ……………………………………………………… 91

9 ソフトウェアの方法（1）―問題解決の方法

9.1 問題解決の方法 …………………………………………………… 92
9.2 問題の分析と定式化 ……………………………………………… 94
9.3 解決方法の設計 …………………………………………………… 94
   9.3.1 構造化設計 ……………………………………………… 94
   9.3.2 アルゴリズム …………………………………………… 95
9.4 解決方法の実現 …………………………………………………… 100
   演 習 問 題 ……………………………………………………… 101

10 ソフトウェアの方法（2）―データの設計と記述

10.1 データの設計 …………………………………………………… 102

10.2 変数と定数	104
10.3 データ型とデータ構造	105
10.4 ファイルとデータベース	107
演 習 問 題	108

11 ソフトウェアの方法（3）—処理手順の設計と記述

11.1 処理手順の設計	110
11.2 処理の記述	112
11.2.1 処理の基本要素	112
11.2.2 処理の制御	112
11.2.3 処理の記述の例	114
11.3 ソフトウェア開発の方法	119
演 習 問 題	122

12 コンピュータとネットワークの利用

12.1 コンピュータの利用形態	123
12.2 コンピュータネットワーク	125
12.2.1 コンピュータネットワークの歴史	125
12.2.2 通信の基礎知識	127
12.2.3 インターネット	137
12.3 最近の情報環境の情勢	142
演 習 問 題	147

付録A	文字コード	149
付録B	コンピュータと通信の主な標準化機関	153
付録C	フリップフロップによる記憶	155
付録D	命令セットと命令実行の例	157
参考文献		164
演習問題解答		166
索 引		175

1
は じ め に
―コンピュータと情報―

 この章では，コンピュータを使って情報を扱うための基礎として，まず情報と情報処理について説明し，コンピュータはどのようなものか，どのように使われているかを紹介する．

1.1 情報処理について

- □ 私たち人間は，日常，外界からの**情報**を(目や耳から)得て，それに基づいて，いろいろな判断をし行動している．これは，広い意味の**情報処理**であり，人間の情報処理は，いつでも，状況に応じて，その人なりのやり方で，必要に応じた速度で，計画的にも，また，あまり意識しないでも行われており，優れている．
- □ **情報処理**とは，目的に沿って情報を**収集**し，形式を整えてそれらを**記録**し，**加工**・**分析**を行って，**新たな情報**を作りだし，**伝達**する一連の仕事をいう．
- □ 情報を収集し，記録し，加工することで，単独の情報では持ち得なかった**新たな価値**を生む．また，情報を適時に適所に伝えることにより，**新たな価値**を生む．
- □ 情報処理に用いられる情報を**入力 (input)**，得られる情報を**出力 (output)** という．また，情報を与える(読み込ませる)ことを**入力する**と

いい, 情報を取り出す (書き出す) ことを**出力する**という. この関係を図 1.1 に示す.

図 1.1 一般的な情報の処理

- □ **コンピュータ**の進歩により, 様々な場面でコンピュータが情報処理に利用されるようになり, 人間にとって不得意な部分をコンピュータと**通信**が補い, 人間の活動を支援することができるようになった.
  - 決められたことを正確に実行する (コンピュータ)
  - 人手では時間がかかる処理を高速で行う (コンピュータ)
  - 単純な処理を何度も何度も繰り返し行う (コンピュータ)
  - 膨大なデータを保存しておく (コンピュータ)
  - 遠距離の相手と情報を交換したり共有する (通信)
- □ **コンピュータや通信の利用**によって, 人間は煩雑な作業から解放され, より高度な判断や知的な活動に集中できるようになりつつある. また, 時間や距離といった制約が緩和され, 危険な環境や人間にとって適さない環境での作業, 長時間の作業, 重労働などをコンピュータを中心とするシステムで代行または支援することができるようになってきている.
- □ **情報処理の例**
  - 講義要項を読んだり, ガイダンスに出席して, 履修計画を立てる
  - 天気予報を調べて, 週末の予定を立てる
  - 献立を記録し, カロリー計算をして, 健康管理に役立てる

- 利用者のアンケートを取り，施設のサービスを充実させる
- 売上高や経常利益などの経営データをもとに，会社の経営方針を決定する

1.2 情報とデータ

- **情報 (information)**：自然界や社会の様々な現象やものについて，事実や性質を表現したもので，受け手にとって何らかの**意味**を持つもの．
- **データ (datum, data)**：自然界や社会の様々な現象やものについての事実や性質を，ある決められた**形式**で表したもの．
- **情報とデータ**：データは，情報を表すための入れ物，情報はその中身であり，データは客観的に表現されるが，それが情報として価値があるかは**受け手側に依存**する．つまり，ある事柄が，何かの判断に役立つときや，新しい知識として受け入れられるとき，情報として意味を持つ．あたりまえのことは情報の量 (情報量) が少なく，希少なことは情報量が多い．一方，データの量 (データ量) は，それを表すのにどれだけの容量が要るかを示す．ただし，実際には，情報とデータが区別せずに使われることもある．
- **知識 (knowledge)**：個別の情報が，ある分野について体系的に組み立てられ，用いられるようなとき，これらの情報の全体を知識という．
- **メディア (media)**：情報を記録あるいは伝達する手段をメディア (媒体) という．データは，メディア上の表現形式のある状態．
- **データの表現方法**：あらかじめ定められた規則に従って，**数値**や**文字列** (数字，英字，かな，漢字，記号などの文字や文字の列) や**論理値** (真か偽か) によって表される．
- **データの構成**：個々の項目にあたるデータが，一つまたはいくつか集まって一件分の情報を表し，それがいくつか集まって一まとまりの情報として用いられる．また，それらが集まって情報処理に用いられる．

1.3 コンピュータについて

- **コンピュータの由来**：コンピュータは，その名の通り**計算する機械** (**computer**) として作られた．昔から，計算の道具として，ソロバンや計算尺，歯車式の機械，紙カードや電磁石を使った機械などが工夫されてきたが，1940年代後半に**電子式**の計算機械が作られるようになった．これが現在のコンピュータの原形となっており，今日のコンピュータの大部分は，これと同じ基本的方式を用いている．その特徴は以下のとおりである．

    - 電子回路によって演算を行う
    - ディジタル方式
    - 内部に記憶用回路を持つ
    - あらかじめプログラムを記憶させ，回路の動作を指示し制御する
    - 用途は限定しない

- **素子の変遷**：コンピュータの電子回路に使われる素子が真空管からトランジスタに代わり，さらに，半導体技術の進歩によりIC(集積回路), LSI(大規模集積回路), VLSI(超大規模集積回路) が用いられるようになり，コンピュータの処理能力は目覚しく向上した．すなわち，コンピュータの

    - **高速化，大容量化，小型化，低価格化**

    によって，いろいろな分野で，多くの人に，様々な用途で用いられるようになった．現在も，より高性能で使いやすいコンピュータを目指して，研究開発が進められている．

- **コンピュータの四大機能**：コンピュータは，**計算機能**だけでなく，情報を蓄える**記憶機能**，情報を伝達する**通信機能**，回路や機器を制御す

る**制御機能**を持つ．上に述べたような技術の進歩により，コンピュータは，**計算のためだけでなく**，これらの機能のそれぞれを主目的とした利用がされるようになり，それぞれの機能が，重要な役割を果たすようになった．

□ **プログラムと汎用性**：コンピュータは，電子回路で演算を行うが，その時，どのようなデータに対して，どのような操作を行うかの動作手順を，あらかじめ**プログラム** (program, 一連の指示を記述したもの) で与えておく．これを**プログラム内蔵方式**といい，現在，ほとんどのコンピュータはこの方式である．プログラムをいろいろ工夫することで，コンピュータにいろいろな新しい機能を持たせ，いろいろな用途に使うことができる (**汎用性**)．

□ **ハードウエアとソフトウエア**：

- コンピュータの電子回路を中心とする装置や機器を，**ハードウェア** (hardware) と呼ぶ．ハードウェアは，コンピュータ本体と周辺機器に分けられる．

- ハードウェアのみではコンピュータは機能せず，単なる箱にすぎない．コンピュータのハードウェアを機能させるためには，ハードウェアに動作を指示し，制御する**一連の命令 (プログラム)** が必要である．様々なプログラムを総称して**ソフトウェア** (software) という．

- コンピュータは，**ハードウェア＋ソフトウェア**で目的とする機能を実現している．図 1.2 のように，利用者は直接ハードウェアの機能を使わず，ソフトウェアを介してハードウェアの機能を使うことになり，ソフトウェアによってハードウェアの上に実現された新しい機能を利用する．ある機能を持ったコンピュータシステムは，ハードウェアの上にいろいろなソフトウェアを積み重ねた**階層構造**で構成されている．

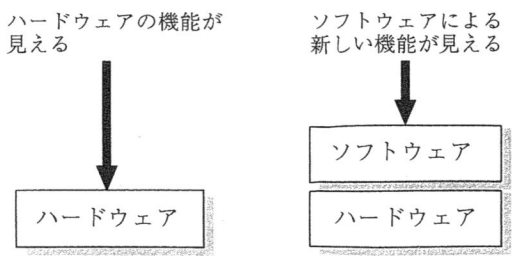

図 1.2　ソフトウェアによる新しい機能

1.4　コンピュータの種類 (1)

コンピュータは，用途や規模・性能によって分類される．用途別に分類すると次のようになる．

(1)　汎用コンピュータ：事務処理，科学技術計算などいろいろな用途に幅広く利用できるように設計された大型のコンピュータ．

(2)　オフィスコンピュータ (オフコン)：オフィスで事務処理が手軽に行えるように設計されたコンピュータ．

(3)　ワークステーション (WS)：主に，個人で仕事に利用する計算機．
(4) のパーソナルコンピュータと似ているが，ワークステーションはパーソナルコンピュータより高い処理性能 (複数の仕事を問題なく同時処理できる性能) を持ち，複数の利用者が使うことを想定している．一般に価格よりも処理性能を望む利用者が利用する．その特徴として，

- 高い処理性能
- 高解像度のディスプレイ
- ネットワーク (他のコンピュータとの接続) 機能を重視
- UNIX 系の基本ソフトウェアを使用

などが挙げられる．

最近はパーソナルコンピュータの性能が向上する一方で，低価格のワークステーションも現れ，必ずしも区別は明確でなくなってきている．

(4) **パーソナルコンピュータ (PC)**：安価な個人用コンピュータとして普及している．主な特徴として，

- 標準的なワークステーションより，価格と性能が低い
- 一般的にはワークステーションよりディスプレイの解像度が低い
- 一般にネットワーク機能は標準装備されない，または機能的に弱い

などが挙げられる．

現在，IBM PC/AT およびその互換機と Machintosh 機 の2種類のパーソナルコンピュータが，世界的に広く使用されており，それぞれ，Microsoft 社の MS-DOS, MS-Windows 系のソフトウェアと Mac 用ソフトウェアが多く使用されている．ハードウェアの形態として，デスクトップ型，ノート型などがある．

(5) **組込み制御コンピュータ**：マイクロコンピュータにリアルタイムで動作するソフトウェアを搭載して，各種機器の制御を行う．人の目に直接触れることがなく地味な存在であるが，日常生活に役立っている．一般に，センサまたは外部との通信チャネルで情報を収集し，特定の制御を行う．たとえば，自動車やエアコンや携帯電話など．

1.5 コンピュータの役割と利用方法

コンピュータは，様々な分野で仕事を助けたり代行する手段として利用されている．さらに，仕事のやり方を変え，新しい方法や新しい価値を創り出している．

□ **分野の例**

製造	設計	建設・建築	気象	資源
流通	小売	銀行・金融	交通	通信
行政	学校	医療・保健	家庭	趣味・娯楽 など

□ **いろいろな処理**

事務処理, 事務計算	経営情報, 経営管理	文書処理
科学技術計算	シミュレーション	統計処理と予測
集計処理と分析	取引処理と予約	制御と自動化
ネットワークと通信	データベースと情報検索	決定支援
マルチメディア情報	人工知能と知識情報処理	電子出版, DTP

□ **身近な利用の例**

コンピュータの利用は多岐にわたるが, 私たちが利用する機会の多いパーソナルコンピュータの身近な利用例として, 次のようなものがある.

- ものを書く道具
    - ワープロ (MS-Word, 一太郎 など)
    - エディタ (Emacs, Ng, Wz など)
    - 文書処理 (LaTeX, PageMaker など)
    - 作図や描画 (Draw, Paint ツール など)
- 情報処理の道具
    - データ管理 (Access, HyperCard など)
    - 表計算 (スプレッドシート：Excel, Lotus1-2-3 など)
- コミュニケーションの道具
    - 電子メールや電子ニュース, パソコン通信など
    - インターネットのWWW など

図 1.3 はパーソナルコンピュータの画面の例. このように, コンピュータを使って, 文書の作成 (LaTeX という文書処理の例), 遠隔地の情報収集 (イン

ターネットに接続された世界中のコンピュータからの情報発信の閲覧の例),
電卓,時計など,様々な道具をあたかも机の上に広げた状態で利用すること
ができる.

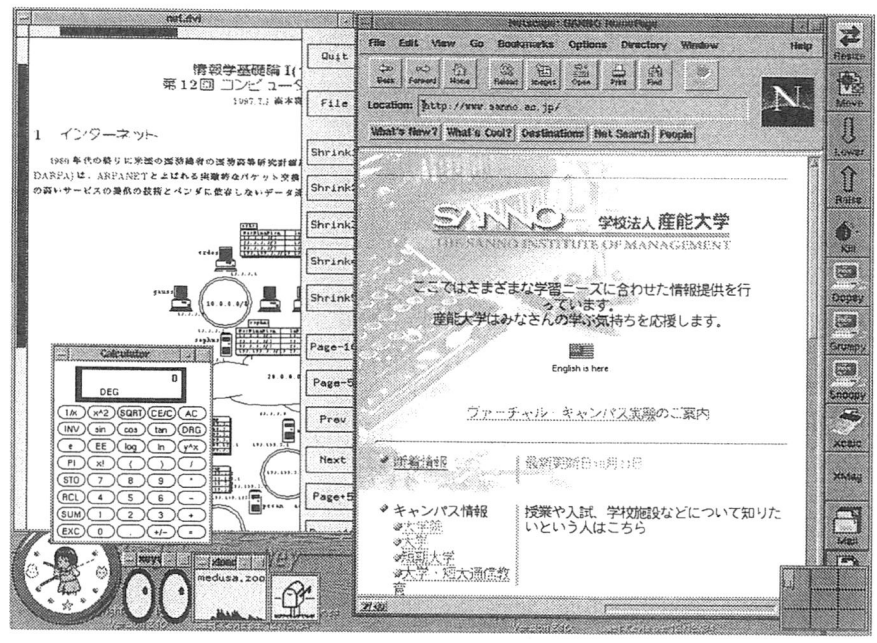

図 1.3 パーソナルコンピュータの画面例

演習問題

演習 1.1 これまでに経験したり,勉強した,情報やコンピュータに関することを書きなさい.

演習 1.2 自分の身の回りの情報処理の例 (必ずしもコンピュータを使っていなくて良い) をあげなさい.

演習 1.3 身近なところで,コンピュータが役立っています.どこに使われているか考え,例を挙

げなさい．また，どのような機能を持っているか説明しなさい．

演習 1.4　コンピュータは，どのような特徴を持っているか，また，ほかの電気製品と異なる点はどこか書きなさい．

2

コンピュータのしくみ（1）
― 構成と動作の概要 ―

コンピュータを使って情報を扱うための基礎として，まずコンピュータそのものについて理解しよう．この章では，コンピュータの基本構成と各部の役割について学び，それらがどのように動作するかの概略を紹介する．

2.1 情報システムの構成

- **情報システム**は，コンピュータの**ハードウェア**，その上で動くいろいろな**ソフトウェア**，そこに蓄積され処理される**情報**，いろいろな**周辺機器**，そしてそれらをつなぐ**ネットワーク**からなる．
  そして，それらが全体として，**目的に応じた機能**を持っている．
- 例として，産能大学のコンピュータネットワーク (*SIGN*) の構成の概略を図 2.1 に示す．
- *SIGN* では，高速の**基幹ネットワーク**に，研究棟，情報センター棟，教室棟などのネットワークが接続され，それぞれに，実習室，共同利用室，研究室，事務局などにあるパーソナルコンピュータや UNIX ワークステーション，情報センターのサーバ機やミニコンピュータなど，合わせて約 600 台の**コンピュータ**が接続され，そのほかにプリンタなどの周辺機器も接続されている．
- この**ネットワーク**は，高速回線で，離れたキャンパスにある大学院・短

大や，インターネットなど学外のネットワークに接続されており，また，利用者の自宅から電話回線で接続することもできる．
- **ソフトウェア**は，これらのネットワークとコンピュータや機器類を，正しく効率的に動作させるための**基本ソフトウェア**と，授業や研究や事務処理などで利用するための様々な**応用ソフトウェア**が備えられている．
- そして，大学の情報システムとして必要な**情報**，たとえば，学籍情報，図書館情報，教材などが蓄えられている．
- コンピュータを単体で使うだけでなく，いくつものコンピュータをネットワークで接続し，その情報や資源を相互に有効に利用することで，全体としてよりよい機能や利用環境を提供するものを，**分散システム**といい，この10年ほどで情報システムの考え方の主流となっている．

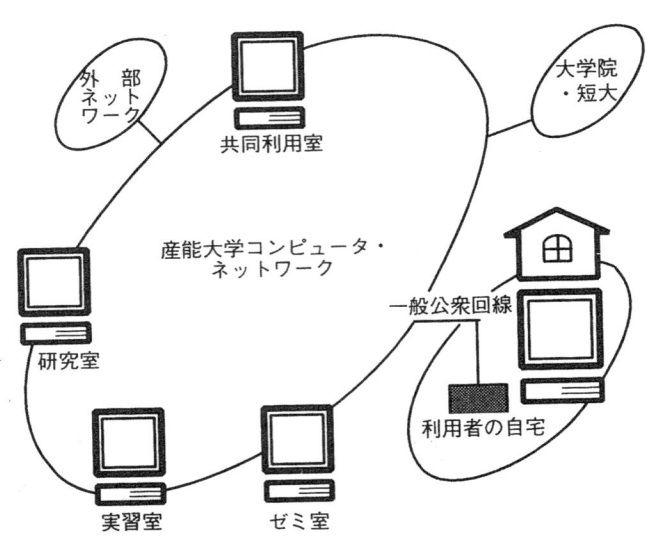

図 **2.1**　*SIGN* の構成概略

2.2 コンピュータの基本構成

コンピュータのハードウェアの基本的な構成は，図 2.2 のように**演算装置，制御装置，主記憶装置，入力装置，出力装置**から成る．これを **5 つの基本構成要素**と呼ぶ．

このうち，演算装置，制御装置，主記憶装置がコンピュータ本体であり，入力装置，出力装置，補助記憶装置などが周辺装置と分けられる．

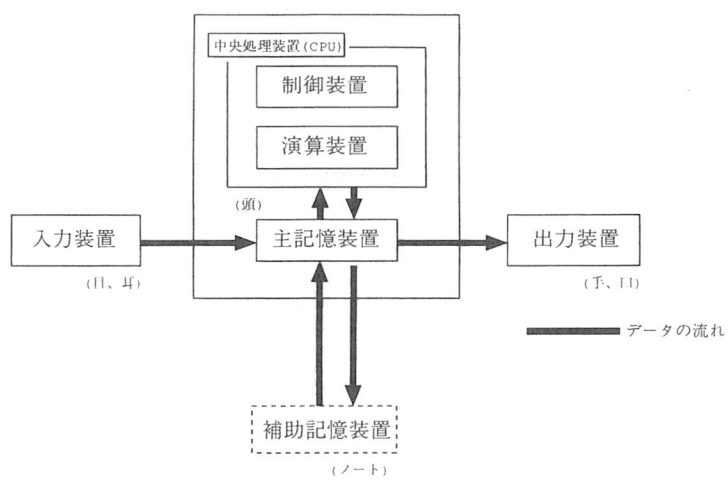

図 2.2　コンピュータの 5 つの基本構成要素

2.2.1　中央処理装置 (CPU)

中央処理装置 CPU(Central Processing Unit) は，コンピュータの中枢，人間の脳にあたる部分で，演算装置，制御装置，レジスタ群から成る．

- □ **演算装置 ALU**(Arithmetic and Logic Unit)：計算 (論理演算と算術演算) を行う．実行する演算は，命令によって指示される．

- **制御装置** (control unit)：プログラムの命令を解読し，制御信号を出して各装置の動作を制御する．
- **レジスタ群** (register unit)：演算に必要な命令，データ，その結果を一時的に保存する作業用の高速記憶．

2.2.2　記憶装置

記憶装置 (memory unit) は，プログラムやデータを保存する．

- **主記憶装置** (main memory, primary storage)：プログラムや，プログラムで処理するデータ，その結果を記憶する装置．

  一連の命令 (プログラム) は，あらかじめ主記憶装置に記憶され，制御装置からの指示で，順次レジスタに読み出され，実行される．その時，必要なデータが主記憶装置からレジスタに送られ，実行結果が主記憶に返される．

- **補助記憶装置** (secondary storage)：主記憶装置の容量を補うための容量の大きい記憶装置．また，長期間情報を蓄えておくための装置でもある．

  主記憶は CPU と直接的にデータや命令を受け渡すが，容量に限りがあるので，必要に応じて補助記憶との間で情報を転送して使う．また，処理の実行時以外に情報を長期間保存する．

  補助記憶装置は，外部記憶装置 (external memory)，二次記憶装置とも呼ばれるが，情報の保存は，それ自体，現代のコンピュータの重要な役割であり，その場合は補助記憶装置がシステムの主要部分であり，決して補助的装置ではない．

  補助記憶装置には，フロッピーディスク (FD)，ハードディスク (HD)，磁気テープ (MT)，光磁気 (MO) ディスク，CD-ROM などがある．フロッピーディスクの構造を図 2.3 に示す．また，ハードディスクの構造を図 2.4 に示す．

2.2 コンピュータの基本構成

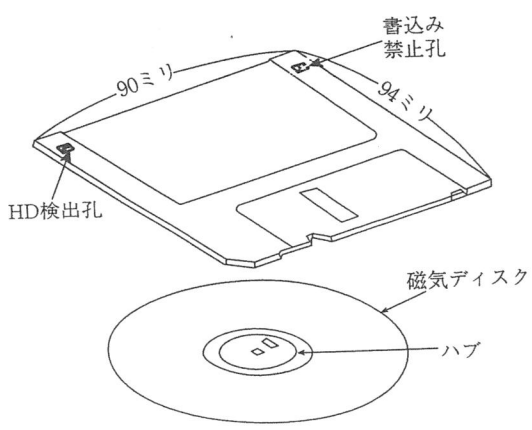

図 2.3 3.5インチフロッピーディスクの構造

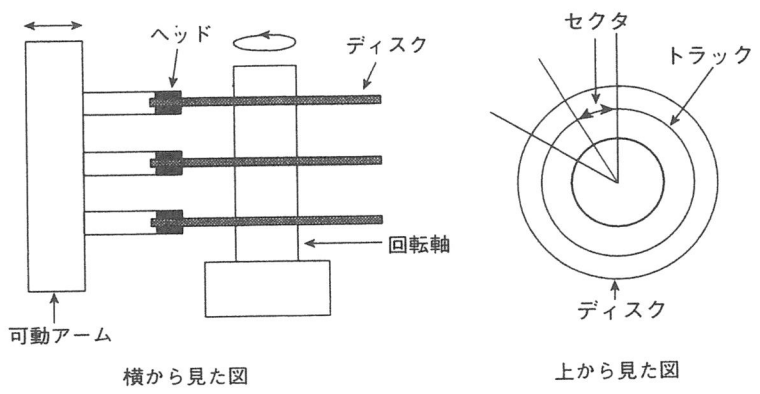

図 2.4 ハードディスクの構造

- **データの転送**：記憶装置間のデータの読み出しや書き込みの操作を**アクセス** (access) という．補助記憶から主記憶へ，主記憶からレジスタへの転送を，読み出し (read) あるいは**ロード** (load) といい，逆を書き込み (write)，保存 (save, **セーブ**)，格納 (store, **ストア**) という．
  記憶装置には，情報を読み出したり，書き込んだりする場所を指定するために，**番地 (address)** という番号が順に付けられている．
- **記憶の階層構成**：処理に必要な情報に優先順位をつけ，保存する記憶装置を使い分ける．特に高速性を要求されるところには，高速だが高価な記憶を小量使い，そうでないところには，低速だが安価な記憶を大量に使うことで，全体としての価格対性能を良くする方式．
  実行中の命令とそのデータは，CPU 内のレジスタに置き，動作中の仕事に関するプログラムやデータは，高速だが容量が小さく価格が高い主記憶に置き，補助記憶との間で入れ換えて保存する．利用頻度の低い情報は，低速で安価な装置に置かれる．

2.2.3 入出力装置 (I/O)

入力装置と出力装置は，合わせて I/O と呼ばれる．

- **入力装置**：情報を入力する装置．一般に入力装置として，文字の入力装置である**キーボード**と位置を指示する装置 (ポインティングデバイス) の**マウス**が用いられているが，このほかに光学式の文字読取装置 (OCR Optical Character Reader)，マーク読取装置 (OMR Optical Mark Reader) やバーコードリーダなどがあり，画像を入力するにはディジタルカメラやスキャナが用いられ，マイクなどから音声を入力する音声入力装置や音声認識装置もある．
- **出力装置**：情報を出力する装置．コンピュータからの処理結果や応答の表示装置として，CRT や液晶の画面を用いた**ディスプレイ**装置 (モニタ) が一般に用いられており，また印刷装置の**プリンタ**も一般に用いられている．このほかに図形を描くプロッタ，音声を出力するス

ピーカなどがある.
□ コンピュータ本体から見れば,補助記憶装置や通信装置も,入力装置や出力装置と変わりがなく,それらを区別せずに,すべて I/O として扱うことも多い.

それぞれの装置の間は,**バス**と呼ばれる線で接続され,コンピュータと他の機器,あるいは,コンピュータ同士は**通信装置**で接続される.これらを**インタフェース**という.

パーソナルコンピュータの代表的な構成の例を図 2.5 に示す.

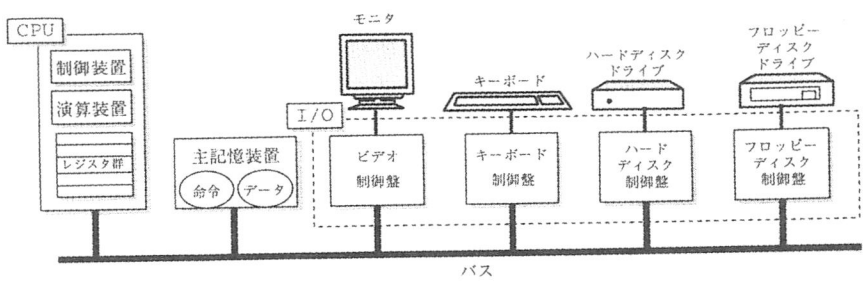

図 2.5 コンピュータの構成

2.3 コンピュータの種類 (2)

コンピュータの基本的な構成は,上のようなものだが,コンピュータの用途や規模,性能には様々なものがある.規模や性能によってコンピュータを大別すると,次のようになる.

(1) **スーパーコンピュータ**:大規模な計算を高速で行うような特別な用途のために設計された,大型の超高速コンピュータ.

(2) **メインフレーム**：汎用の大型コンピュータ．利用者が直接コンピュータに触れることはなく，一台の大型機を専門のスタッフが管理し，多数接続された端末などからの利用を一括して処理する．1960年代から70年代の主流である集中システムの考え方で，効率性や信頼性を重視している．

(3) **ミニコンピュータ**：中小型のコンピュータ．メインフレームを，小型化，低価格化したもの．制御や設計などの専用機として使われたり，汎用機として使われたりする．

(4) **マイクロコンピュータ**：CPUを半導体集積回路の一つの部品（チップ）に納めたマイクロプロセッサや，さらにCPUと周辺I/Oを一つのチップに納めたものが1970年代に開発され80年代に普及した．これらを使ったコンピュータをマイクロコンピュータという．小型で安いので，飛躍的に普及し，個人用のものがパーソナルコンピュータ（パソコン），複数で利用できる高性能のものがワークステーションと呼ばれる．

2.4 コンピュータの動作

2.4.1 動作手順の例

パーソナルコンピュータを使ってレポートを作成する 場合に，コンピュータの構成要素が，それぞれどのように動作するかを見てみよう．

(1) コンピュータの電源を入れると，主記憶内の読出し専用記憶(ROM:Read Only Memory)やハードディスクに格納されている起動用プログラムが実行され，コンピュータを正しく効率的に動作させる基本ソフトウェアが起動し，コンピュータは利用可能な状態になる．

(2) ワープロソフトや表計算ソフトなど，この仕事に必要なソフトウェアをキーボードやマウスを使って指定すると，そのソフトウェアがハードディスクから主記憶に移され実行される．

(3) キーボードから文章やデータを入力する．入力されたものは，主記憶に記憶され，ディスプレイにも表示される．

(4) 文章の編集や，データの集計を行う．ソフトウェアに対して，どのような処理をしたいか，キーボードやマウスで指示を与えると，CPUと主記憶の間で命令およびデータのやり取りがあって，CPUでいろいろな演算が行われる．

(5) できた文書やデータに名前をつけて，ハードディスクやフロッピーディスクに保存する．

(6) 保存した文書やデータは，名前を指定してまた主記憶に読み出せるので，さらに編集したり，ディスプレイに表示して確認したり，プリンタで印刷する．

2.4.2 (参考) 基本動作 - 命令の実行

コンピュータは与えられた命令を順次実行していく．この時，次の3つの単純な動作を繰り返している．

1. 動作命令を主記憶からレジスタに取り出す (フェッチ：fetch)
2. 命令を解読し演算の種類と使うデータの指示を識別する (デコード：decode)
3. 命令を実行する (エグゼキュート：execute)

加算命令の実行について，この動作を図2.6に詳しく示す．

2 コンピュータのしくみ (1) – 構成と動作の概要

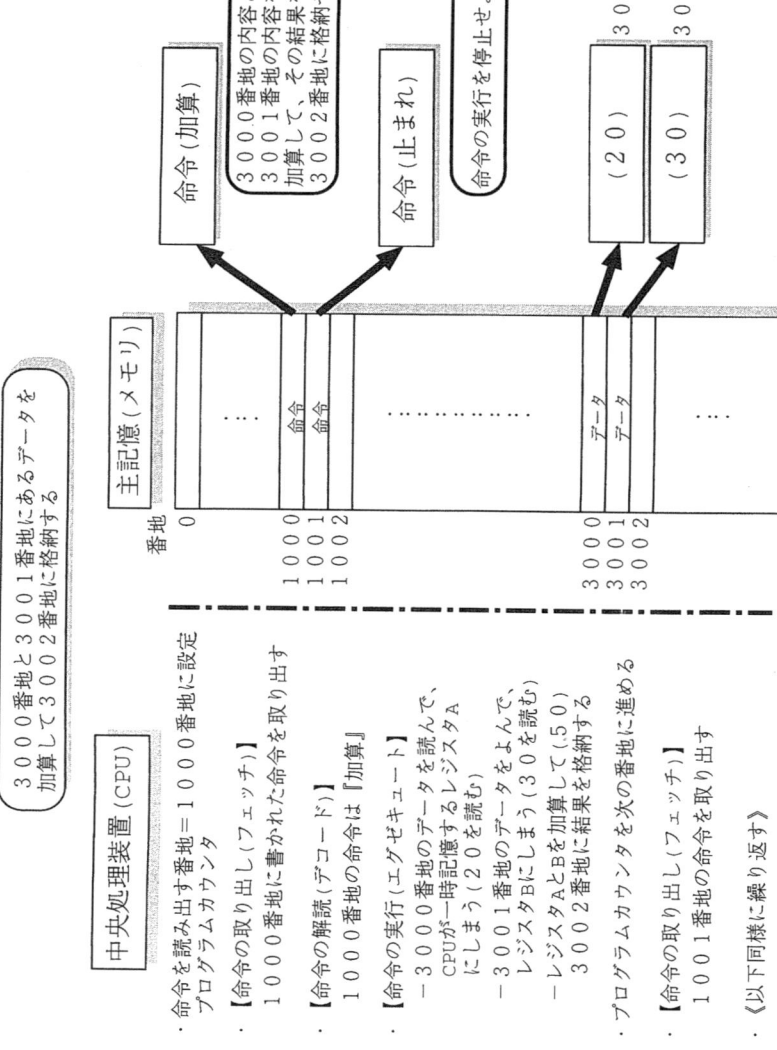

図 2.6 コンピュータの基本動作 - 加算命令の例

2.4.3 (参考) 基本動作 - データの転送

装置間のデータ転送の動作を，より詳しく見てみよう (図 2.7).

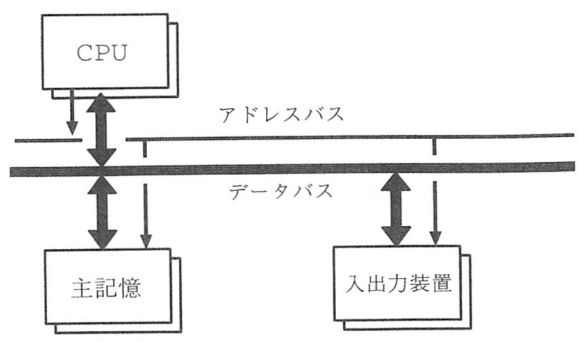

図 2.7　コンピュータの基本構成 - データの転送

ロード (読み出し)
1. CPU は読み出す**アドレス** (番地) を指定する信号を**アドレスバス**に出す
2. 指定された主記憶または I/O はデータを**データバス**に出す
3. CPU はデータを取り込む

ストア (書き込み)
1. CPU は書き込む**アドレス** (番地) を指定する信号を**アドレスバス**に出す
2. CPU は**データバス**にデータを出す
3. 指定された主記憶または I/O はデータを**データバス**から取り込む

演習問題

演習 2.1　コンピュータの 5 つの基本構成要素をあげ，役割を説明しなさい．

演習 2.2　入力装置，出力装置，補助記憶装置には，どんなものがあるか書きなさい．

演習 2.3 銀行の自動取引装置 (ATM:Automatic Teller Machine) でお金を引出すときの, 各装置の役割と動作手順を考え, 2.4.1 節のように書きなさい.

演習 2.4 "3100 番地の内容と 3200 番地の内容を加算して, 3300 番地に格納せよ" という命令がどのように実行されるか, 手順の詳しい説明を書きなさい.

3

情報の表現（1）

― 2進数の数値表現 ―

3.1 コンピュータ内部の情報

これまでに，コンピュータのおよその構成と機能を学んだ．
- □ コンピュータは，電子回路で演算を行う
- □ コンピュータの動作には，命令とデータが必要である
- □ コンピュータの電子回路内では，電気信号(電流や電圧)や磁気信号で状態を表す

また，ディジタル回路の設計や製造の技術上，電気信号の状態をONとOFF，あるいは，高と低の2つの状態で代表させると都合がよいので，コンピュータは次のようにして情報を表す．
- □ '0'と'1'の2値を持つ**2進数**ですべての情報を表す
- □ 2進数の何桁かを使った**コード**で，論理値，数値，文字を表す
- □ コードを使って，データ，プログラム，文書，図形や画像を表す

ここでは，2進数による数の表現方法と，10進数と2進数の間の変換方法を学ぶ．また，2進数は桁数が多く，人間が扱うには不便なので，2進数の3桁または4桁をまとめて1桁として扱う8進数と16進数を学ぶ．

3.2 数の表現

3.2.1 10進数

数の表し方を**記数法**といい,私達が日常使っている**10進数** (decimal number) のように桁が位を表すものを**位取り記数法**という.

例として,数値 3823(三千八百二十三) の意味を図 3.1 に示す.

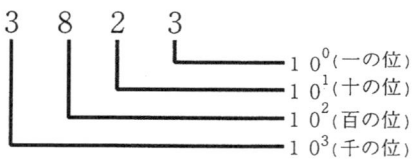

図 3.1　10進数の表現

同じ "3" でも位によって "重み" が違う

$(3823)_{10} = 3 \times 10^3 + 8 \times 10^2 + 2 \times 10^1 + 3 \times 10^0 = 3000 + 800 + 20 + 3$

ここで,10 を**基数 (radix)** と呼び,$10^3, 10^2, 10^1, 10^0$ を各桁の**重み (weight)** と呼ぶ.10進数だけでなく,一般に,基数が r のものを r **進数**といい,同じ考え方で数を表現することができる.

3.2.2 2進数

2進数 (binary number) の基数は 2, 各桁の値は 0 か 1.

$$(1010)_2 = 1 \times 2^3 + 0 \times 2^2 + 1 \times 2^1 + 0 \times 2^0 = (10)_{10}$$

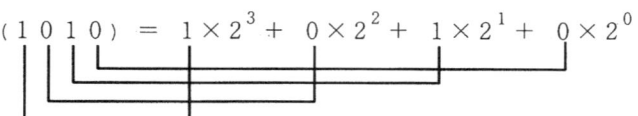

図 3.2　2進数の表現

3.2.3 8進数と16進数

8進数 (octal number) の基数は 8, 各桁の値は 0 から 7.
2進数の 3 桁が 8 進数の 1 桁に対応する.

$$(2715)_8 = 2 \times 8^3 + 7 \times 8^2 + 1 \times 8^1 + 5 \times 8^0 = (1485)_{10}$$

16進数 (hexadecimal number) の基数は 16, 各桁の値は 0 から 15.
ただし, 10 〜 15 は, A 〜 F で表す. 2 進数の 4 桁が 16 進数の 1 桁に対応する.

$$(1EF3)_{16} = 1 \times 16^3 + 14 \times 16^2 + 15 \times 16^1 + 3 \times 16^0 = (7923)_{10}$$

3.2.4 バイトとビット

0 と 1 で表せる 2 進数 1 桁 (binary digit) を**ビット (bit)** と呼び, 情報表現の最小単位である. さらに, 8 桁 (8bit) をまとめて**バイト (byte)** といい, データ量や記憶容量の単位に使われる. $1024(= 2^{10})$ バイトを 1 キロバイト (1KB), 1024KB を 1 メガバイト (1MB) という.

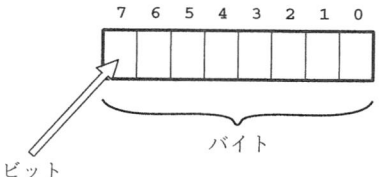

図 **3.3** バイト (byte) とビット (bit)

3.3 基数の変換

コンピュータは 2 進数を用いて動作している. ところが, 我々の日常生活では主に 10 進数を用いている.

そこで, コンピュータを使って情報を扱う上で, 2 進数から 10 進数の変換や, その逆の変換が必要になる. こうした変換を**基数の変換**と呼ぶ.

表 3.1　10,16,8,2 進数の対応

10 進数	16 進数	8 進数	2 進数	10 進数	16 進数	8 進数	2 進数
0	0	0	0	8	8	10	1000
1	1	1	1	9	9	11	1001
2	2	2	10	10	A	12	1010
3	3	3	11	11	B	13	1011
4	4	4	100	12	C	14	1100
5	5	5	101	13	D	15	1101
6	6	6	110	14	E	16	1110
7	7	7	111	15	F	17	1111
				16	10	20	10000

10 進数, 16 進数, 8 進数, 2 進数の対応を表 3.1 に示す.

(1) **2 進数から 10 進数への変換**

位取り基数法の式にしたがって展開し, 10 進数の値を求める.

整数

$$
\begin{aligned}
(1101\,1010)_2 &= 1 \times 2^7 + 1 \times 2^6 + 0 \times 2^5 + 1 \times 2^4 \\
&\quad + 1 \times 2^3 + 0 \times 2^2 + 1 \times 2^1 + 0 \times 2^0 \\
&= 1 \times 128 + 1 \times 64 + 0 \times 32 + 1 \times 16 \\
&\quad + 1 \times 8 + 0 \times 4 + 1 \times 2 + 0 \times 1 \\
&= 128 + 64 + 16 + 8 + 2 \\
&= (218)_{10}
\end{aligned}
$$

小数

$$
\begin{aligned}
(0.1011)_2 &= 1 \times 2^{-1} + 0 \times 2^{-2} + 1 \times 2^{-3} + 1 \times 2^{-4} \\
&= 1 \times 0.5 + 0 \times 0.25 + 1 \times 0.125 + 1 \times 0.0625 \\
&= 0.5 + 0.125 + 0.0625 \\
&= (0.6875)_{10}
\end{aligned}
$$

(2) 10 進数から 2 進数への変換

整数

1. 10 進数を 2 で割る．その商を下に，余り "0" または "1" を横に記入．
2. もう一度，商を 2 で割る．
3. 商が 0 になるまで，割り算を繰り返す．
4. 商ごとの余りを下から上へ書き並べる．

$$
\begin{array}{rrcl}
2) & 218 & \cdots & 0 \\
2) & 109 & \cdots & 1 \\
2) & 54 & \cdots & 0 \\
2) & 27 & \cdots & 1 \\
2) & 13 & \cdots & 1 \\
2) & 6 & \cdots & 0 \\
2) & 3 & \cdots & 1 \\
2) & 1 & \cdots & 1 \\
& 0 & &
\end{array}
$$

$(218)_{10} = (1101\,1010)_2$

小数

1. 10 進数の小数を 2 倍する．
2. 積の小数部分をさらに 2 倍する．
3. 積の小数部分が 0 になるまで，2 倍し続ける．
4. 各積の整数部分を順に書き並べると，2 進小数の小数部を得る．

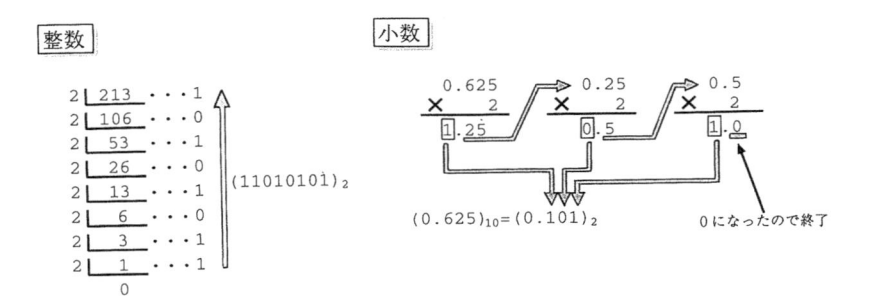

28　　　3　情報の表現 (1) – 2 進数の数値表現

図3.4　10進数から2進数への変換

変換の原理

一般に，ある数値が N 進数で以下のように表されるとする．

$$(a_n a_{n-1} a_{n-2} \cdots a_2 a_1 a_0 . a_{-1} a_{-2} \cdots a_{-m})_N$$

この数値の整数部 A^+ は

$$A^+ = a_n \times N^n + a_{n-1} \times N^{n-1} + \cdots + a_1 \times N^1 + a_0 \times N^0$$

であり，小数部 A^- は

$$A^- = a_{-1} \times N^{-1} + a_{-2} \times N^{-2} + \cdots + a_{-m} \times N^{-m}$$

を表す．
したがって，整数部 A^+ を N で割ると

$$a_n \times N^{n-1} + a_{n-1} \times N^{n-2} + \cdots + a_2 \times N^1 + a_1 \times N^0 \quad \text{余り } a_0$$

となり，a_0 が余りとして求まる．さらに，もう一度 N で割ると

$$a_n \times N^{n-2} + a_{n-1} \times N^{n-3} + \cdots + a_2 \times N^0 \quad \text{余り } a_1$$

となり，a_1 が余りとして求まる．同様にして，N で割る操作を繰り返すことによって，整数部が $a_0, a_1, a_2, \cdots, a_{n-2}, a_{n-1}, a_n$ の順に次々に求まる．

また，小数部 A^- を N 倍すると

$$a_{-1} \times N^0 + a_{-2} \times N^{-1} + \cdots + a_{-m} \times N^{-m+1}$$

となり，a_{-1} が整数部 ($N^0 = 1$ の桁) にくり上がる．同様にして，N 倍する操作を繰り返すことによって，小数部を $a_{-1}, a_{-2}, \cdots, a_{-m}$ の順に求めることができる．

(3) **2 進数と 8 進数の変換**

2 進数の下の桁から 3 桁ずつをまとめて 8 進数に対応させる．小数は小数点から下の桁へ 3 桁ずつをまとめて 8 進数に対応させる．

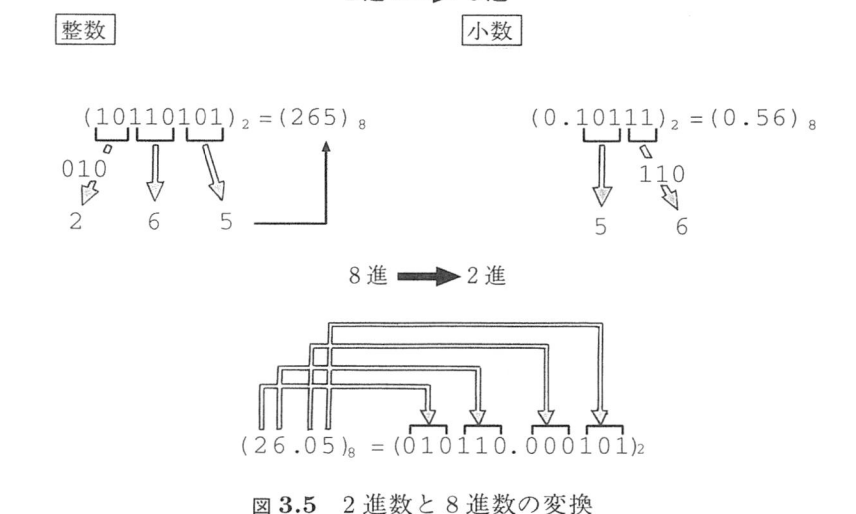

2進 ⟶ 8進

整数 　　　　　　　　　　　　　　小数

$(10110101)_2 = (265)_8$ 　　　　　 $(0.10111)_2 = (0.56)_8$

010 　　　　　　　　　　　　　　　　　　　　110
  2   6   5 　　　　　　　　　　　　　　　5   6

8進 ⟶ 2進

$(26.05)_8 = (010110.000101)_2$

図 **3.5** 2 進数と 8 進数の変換

(4) **2 進数と 16 進数の変換**

2 進数の下の桁から 4 桁ずつまとめて 16 進数に対応させる．小数は小数点から下の桁へ 4 桁ずつまとめて 16 進数に対応させる．

3 情報の表現 (1) – 2進数の数値表現

2進 ━━▶ 16進

整数

$(1011001011)_2 = (2CB)_{16}$
0010
2 C B

小数

$(0.101110111)_2 = (0.BB8)_{16}$
B B 1000
      8

16進 ━━▶ 2進

$(56.D)_{16} = (01010110.1101)_2$

図 3.6　2進数と16進数の変換

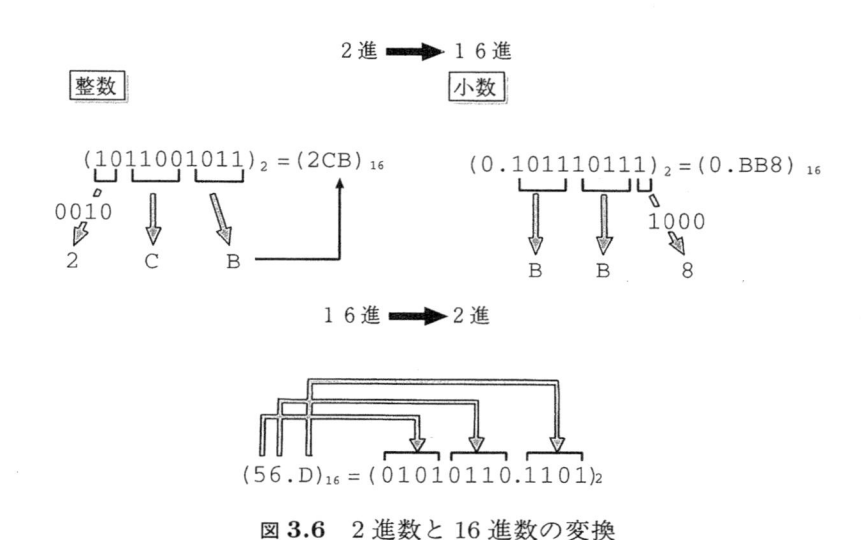

(5) **10進数から8進数への変換**

まず，2進数に変換し，それを3桁ごとまとめて8進数に対応させる．または，直接変換する方法として，10進数の2進数への変換と同様な方法で，8について割り算あるいは掛け算を行ってもよい．

整数

```
8 ⌊ 5683 … 3
8 ⌊  710 … 6
8 ⌊   88 … 0     (13063)₈
8 ⌊   11 … 3
8 ⌊    … 1
      0
```

小数

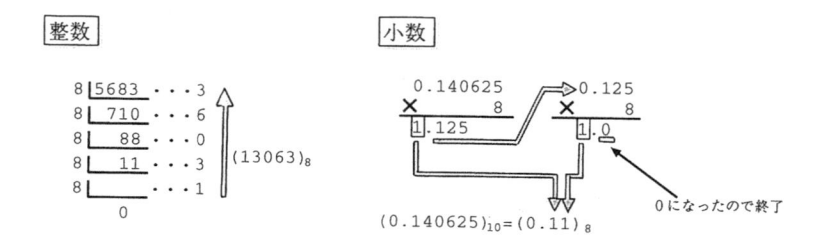

```
  0.140625      0.125
×        8    ×      8
  1.125         1.0
```

0になったので終了

$(0.140625)_{10} = (0.11)_8$

図 3.7　10進数から8進数への変換

(6) **10進数から16進数への変換**

まず，2進数に変換し，それを4桁ごとまとめて16進数に対応させる．また，16について割り算や掛け算を行って，直接変換することもできる．

整数

```
16 ) 41277 ··· 13 → D
16 )  2579 ···  3
16 )   161 ···  1
16 )    10 ··· 10 → A
         0
```
$(A13D)_{16}$

小数

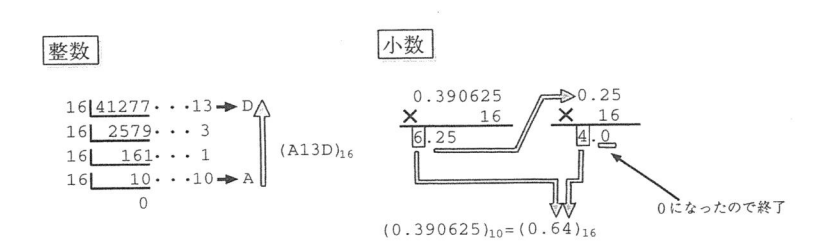

```
    0.390625      0.25
  ×      16     ×   16
  6 .25          4 .0
```
0になったので終了

$(0.390625)_{10} = (0.64)_{16}$

図 **3.8** 10進数から16進数への変換

(7) **8進数と16進数の変換**

まず，2進数に変換し，それぞれ，3桁または4桁ずつ対応させる．

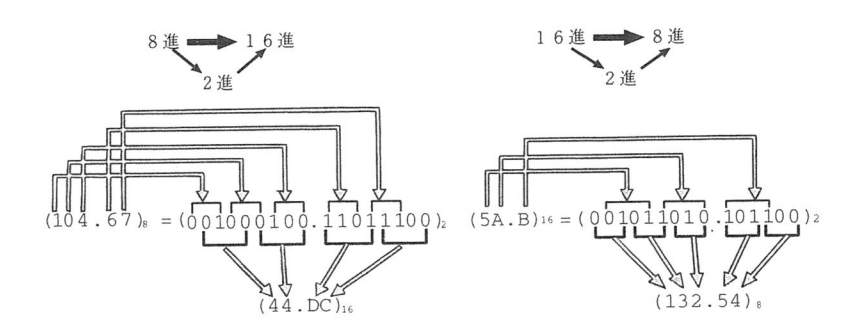

8進 → 16進 を 2進 経由

$(104.67)_8 = (001000100.11011100)_2$
$= (44.DC)_{16}$

16進 → 8進 を 2進 経由

$(5A.B)_{16} = (001011010.101100)_2$
$= (132.54)_8$

図 **3.9** 8進数と16進数の変換

演習問題

演習 3.1　2 進数 $(1100\,1101)_2$ を 10 進数に変換しなさい．

演習 3.2　10 進数 $(486)_{10}$, $(10000)_{10}$ を 2 進数に変換しなさい．

演習 3.3　2 進数 $(110100)_2$ を 8 進数, 10 進数, 16 進数に変換しなさい．

演習 3.4　16 進数 $(1A3C)_{16}$ を 2 進数, 8 進数, 10 進数に変換しなさい．

演習 3.5　自分の学籍番号の下 3 桁を, 2 進数, 8 進数, 16 進数で表しなさい．

演習 3.6　自分の学籍番号の下 4 桁を, 2 進数, 8 進数, 16 進数で表しなさい．

演習 3.7　ある数 (10 進数の正の整数) を, 2 進数で表すと何ビットになるか計算する方法を説明しなさい．

4

情報の表現（2）

―負の数の表現，2進数の演算―

前章では，コンピュータの情報の表現方法として，2進数，8進数，16進数について学んだ．また，それらの基数変換の方法を学んだ．この章では，さらに，負の数の表し方と，2進数を用いた四則演算について説明する．

4.1 負の数の表現

一般に，コンピュータでは扱う情報の基本単位が何ビットか決まっており，これを**ワード** (word, 語長) という．一般に，1,2,4,8バイト ($=8,16,32,64$ビット) が用いられる．

一定の長さのビット列で，正の数だけでなく，負の数も表す方法として，

1. 符号と絶対値を使う方法
2. かさあげ表現
3. **補数**を使う方法

がある．

1. の符号と絶対値の方法は，先頭1ビットを正か負かを表す符号ビットに割り当て，残りのビットで数値の絶対値を表す．

2. のかさあげ表現は，決められたビット数で正の数と負の数を表すために，表せる状態の半分にあたる数値 (2^{n-1}) を加えることで，-2^{n-1}が0となり，0が2^{n-1}となるようかさあげして表す．たとえば，8ビットの場合，表せる数値

34   4 情報の表現 (2) – 負の数の表現, 2 進数の演算

は 0 から 255 であり, 128 かさあげして, −128 から 127 を表す.

　3. の補数とは, 表現したい数値を, ある基準値から引いて得られる数のことである. 基準値には, その数値の <基数> <基数−1> の 2 種類がある. 10 進数には 10 の補数と 9 の補数があり, 2 進数では 2 の補数と 1 の補数がある.

　コンピュータは, 基本的にすべての計算を 2 進数の加算で行っており, 補数, 特に **2 の補数** を使うと, 減算を加算に変えてそのまま行うことができるなどの理由で, 負の数を表すのに主に 2 の補数表現が使われている.

4.1.1　補　数

まず, 2 進数の 1 の補数表現について説明し, 次に 2 の補数表現について説明する.

──────── **1 の補数表現法** ────────
- □ 1 の補数とは, 元の数値と加算すると全桁が 1 となる数値.
- □ **求め方**
  - − 数値の各桁を 1 から引く (全桁の 0 と 1 を反転させる).

- □ n ビットで, $-(2^{n-1}-1)$ から $+(2^{n-1}-1)$ の範囲の数値を表現する.
- □ 1 の補数表現の MSB(Most Significant Bit : 最上位桁 (左端)) は符号を表す. これが 0 なら正の数, 1 ならば負の数を表す.
- □ +0 と −0 が生じる.

例 : $(75)_{10} = (0100\ 1011)_2$ の 1 の補数 (8 ビットの場合)

```
      1111 1111                 0100 1011   ⇐  数値
  −)  0100 1011   ⟺   +)      1011 0100   ⇐  1 の補数
      1011 0100                 1111 1111   ⇐  全桁が 1(= 2^n − 1)
```

4.1 負の数の表現

---
2 の補数表現法

- □ 2 の補数とは, 元の数値と加算した結果, 桁上がりが生じる ($2^n = 100\cdots 0$ となる) 数値.
- □ 求め方
  - 元の数値の各桁を 1 から引いて (全桁の 0 と 1 を反転させて), それに 1 を加える. 必要ならば桁上げする.
  - または, 2^n から元の数値を引く.

- □ n ビットで, -2^{n-1} から $+(2^{n-1}-1)$ までの範囲の数値を表現する. 1 の補数より, 表現できる状態が 1 つ多い.
- □ 2 の補数表現の MSB(最上位桁) は符号を表す. これが 0 なら正, 1 ならば負の数を表す.
- □ $+0$ と -0 が生じることなく, 0 が一通りに表される.

例: $(75)_{10} = (0100\,1011)_2$ の 2 の補数 (8 ビットの場合)

```
   1111 1111                    0100 1011    ⇐ 数値
-) 0100 1011    ⟺          +)  1011 0101    ⇐ 2 の補数
   ─────────                    ───────────
   1011 0100                   1 0000 0000    ⇐ 桁上りが生じる
+) 0000 0001                                   ($= 2^n$)
   ─────────
   1011 0101    ⇐   2 の補数
```

- □ 4 ビットの 2 進数で符号付き整数を表すとして, その数値と 1 の補数と 2 の補数の対応を図 4.1 に示す. 2 の補数では, 表現できる数値の範囲は, -8 から $+7$.

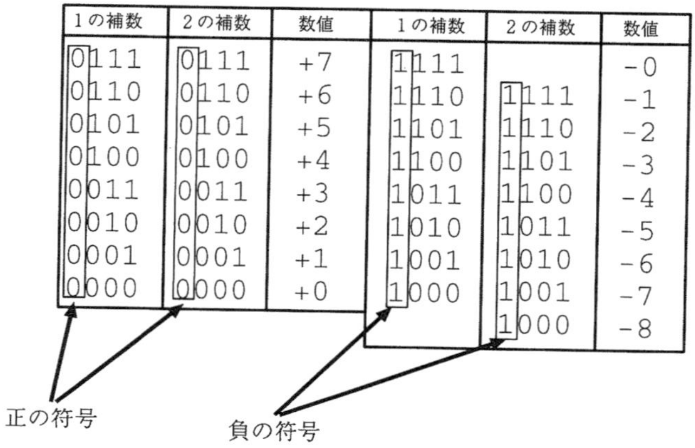

1の補数	2の補数	数値	1の補数	2の補数	数値
0111	0111	+7	1111		-0
0110	0110	+6	1110	1111	-1
0101	0101	+5	1101	1110	-2
0100	0100	+4	1100	1101	-3
0011	0011	+3	1011	1100	-4
0010	0010	+2	1010	1011	-5
0001	0001	+1	1001	1010	-6
0000	0000	+0	1000	1001	-7
				1000	-8

正の符号　　　負の符号

図 4.1　4 ビットの 2 進数 (1 の補数と 2 の補数)

□ 8 ビットの場合, 2 の補数を用いて表現できる数値の範囲は, -128 から $+127$. 最大の数は $(0111\,1111)_2 = (7F)_{16} = 7 \times 16 + 15 = 127$ であり, 最小の数は $(1000\,0000)_2 = (80)_{16}$ である. これは負の数であり, その 2 の補数をとることで絶対値が求められるから, マイナス符号をつけると, $-(1000\,0000 \text{ の 2 の補数}) = -(1000\,0000) = -2^7 = -128$ となる.

また, $(1111\,1111)_2 = (FF)_{16} = -(0000\,0001) = -1$ である.

□ 同様にして, 16 ビットの 2 の補数表現の数値の範囲は, $-32{,}768$ から $32{,}767$ であり, 32 ビットでは, $-2{,}147{,}483{,}648$ から $2{,}147{,}483{,}647$ である.

4.2 2進数の四則演算

コンピュータの内部では,2進数を用いて数値を表現し,演算を行う.どのようにして2進数を用いて四則演算が行われるかを見てみよう.

4.2.1 加 算
□ **2進数1桁の加算**

$$0 + 0 = 0$$
$$0 + 1 = 1$$
$$1 + 0 = 1$$
$$1 + 1 = 0 と桁上げ$$

□ **2進数 n 桁の加算**

- $1+1$ のとき,上位への**桁上げ (carry)** が発生する
- 各桁ごとに (**下位からの桁上がり**) + (**被演算数**) + (**演算数**) を計算する

□ **2進数の加算例**

$$\boxed{(101)_2 + (111)_2}$$

```
     110   … 下位からの桁上がり
     ───────────────────
     101   … 被演算数
 +)  111   … 演算数
     ───────
    1100
```

2進数の演算では,0と1しか現れず,1と1を加えると桁上がりが発生する.それ以外は10進数の場合と同じように,下の桁より順に計算し,桁上がりが発生すれば,すぐ上の桁に加えて計算していく.

上の例では,まず最下位桁を計算し,$1+1=2$ であるから桁上がりが発生し,最下位桁の答えは0,次に2桁めは $1+0+1=2=2+0$ であるから桁

上がりが発生し，下から2桁めの答えは0となる．

4.1.1 減算
□ **2進数1桁の減算**

$$0 - 0 = 0$$
$$1 - 0 = 1$$
$$0 - 1 = -1 \,(1\text{と借り})$$
$$1 - 1 = 0$$

□ **2進数n桁の減算**

– $0 - 1$ のとき，上位桁からの**借り (borrow)** が発生する

– 2進数の減算も10進数での減算と同じように，下の桁より計算し，引けないときは上の桁より2を借りてくる．

□ **2進数の減算例**

$$\boxed{(1\,1001)_2 - (1111)_2}$$

```
   11001   … 被演算数
−) 1111    … 演算数
   ─────
   1010
```

分解して考えてみると次のようになる．

$$
\begin{aligned}
&(1\,1001)_2 - (1111)_2 \\
=\ &(2^4 + 2^3 + 1) - (2^3 + 2^2 + 2 + 1) \\
=\ &(2^4 + 2^3) - (2^3 + 2^2 + 2) + (1 - 1) &&\cdots\cdots\text{1桁目を計算} \\
=\ &(2^4 + 2^3) - (2^3 + 2^2 + 2) &&\cdots\cdots\text{1桁目の計算終り} \\
=\ &(2^4 + 2^2 + 2 + 2) - (2^3 + 2^2 + 2) &&\cdots\cdots\text{4桁目より2桁目へ貸し} \\
=\ &(2^4 + 2^2) - (2^3 + 2^2) + (2 + 2 - 2) &&\cdots\cdots\text{2桁目を計算} \\
=\ &(2^4 + 2^2) - (2^3 + 2^2) + 2 &&\cdots\cdots\text{2桁目の計算終り} \\
=\ &2^4 - 2^3 + (2^2 - 2^2) + 2 &&\cdots\cdots\text{3桁目を計算}
\end{aligned}
$$

$$
\begin{aligned}
&= \quad 2^4 - 2^3 + 2 \quad &&\cdots\cdots \text{3桁目の計算終り}\\
&= \quad (2^3 + 2^3) - 2^3 + 2 \quad &&\cdots\cdots \text{5桁目より4桁目へ貸し}\\
&= \quad 2^3 + 2 \quad &&\cdots\cdots \text{4桁目を計算}\\
&= \quad (1010)_2 \quad &&\cdots\cdots \text{答}
\end{aligned}
$$

□ **2の補数を使った減算**

- コンピュータ内部では，減算は**補数の加算**として計算する
- ほとんどのコンピュータは，**2の補数**を使う
- 減算を加算で行う方法

$$
\begin{aligned}
&\quad (\text{被演算数}) \quad - \quad (\text{演算数})\\
&= (\text{被演算数}) \quad + \quad (-\text{演算数})\\
&= (\text{被演算数}) \quad + \quad (\text{演算数の補数})
\end{aligned}
$$

□ **2の補数を使った減算の例 (1)**

$$\boxed{(94)_{10} - (19)_{10}}$$

(1) $(19)_{10}$ の "2の補数" を求める．

$(94)_{10} = (0101\,1110)_2$ であり, $(19)_{10} = (0001\,0011)_2$ であるから,

$(19)_{10}$ の "2の補数" は, 以下のようになる.

$$
\begin{array}{rll}
& 1110\,1100 & (\text{ビット反転})\\
+) & \underline{0000\,0001} & (+1)\\
& 1110\,1101 & (\text{2の補数})
\end{array}
$$

(2) $(94)_{10} + \{(19)_{10}\text{の2の補数}\}$ を求める．

2の補数とは，元の数値と加算した結果，桁上り $(= 2^n)$ が生じる値であるから，次のようになる．

$$
\begin{array}{rlll}
& 0101\,1110 & \cdots & (94)_{10}\\
+) & \underline{1110\,1101} & \cdots & 2^8 - (19)_{10}\\
& 1\,0100\,1011 & \cdots & 2^8 + \{(94)_{10} - (19)_{10}\}
\end{array}
$$

(3) 桁上りの分である最上位桁の 2^8 を除く．

$$
\begin{array}{r}
1\,0100\,1011 \\
-)\ \underline{1\,0000\,0000} \\
0\,0100\,1011
\end{array}
\quad
\begin{array}{l}
\cdots\ 2^8 + \{(94)_{10} - (19)_{10}\} \\
\cdots\ 2^8 \\
\cdots\ (94)_{10} - (19)_{10}
\end{array}
$$

(4) よって，$(0100\,1011)_2 \Rightarrow \boxed{+(75)_{10}}$ を得る．

□ **2 の補数を用いた減算の例 (2)**

$$\boxed{(19)_{10} - (94)_{10}}$$

(1) $(94)_{10}$ の "2 の補数" を求める．

$(94)_{10} = (0101\,1110)_2$ であり，$(19)_{10} = (0001\,0011)_2$ である．
$(94)_{10}$ の "2 の補数" は，以下のように求められる．

$$
\begin{array}{r}
1010\,0001 \\
+)\ \underline{0000\,0001} \\
1010\,0010
\end{array}
\quad
\begin{array}{l}
(\text{ビット反転}) \\
(+1) \\
(2 \text{ の補数})
\end{array}
$$

(2) $(19)_{10} + \{(94)_{10}$ の 2 の補数 $\}$ を求める．

$$
\begin{array}{r}
0001\,0011 \\
+)\ \underline{1010\,0010} \\
1011\,0101
\end{array}
\quad
\begin{array}{l}
\cdots\ (19)_{10} \\
\cdots\ 2^8 - (94)_{10} \\
\cdots\ 2^8 + \{(19)_{10} - (94)_{10}\}
\end{array}
$$

(3) 2^8 を除く．ここで，もし，桁上げが起こっていなければ，結果は負の数となっているから，もう一度 "2 の補数をとって"，その値に負の符号をつける．

$$
\begin{array}{ll}
1011\,0101 \quad \cdots & 2^8 + \{(19)_{10} - (94)_{10}\} \\
\quad\Downarrow & \\
0100\,1011 \quad (2\ \text{の補数}) & 2^8 - [2^8 + \{(19)_{10} - (94)_{10}\}] \\
 & = -\{(19)_{10} - (94)_{10}\}
\end{array}
$$

(4) よって，$(19)_{10} - (94)_{10} = -(0100\,1011)_2 \Rightarrow \boxed{-(75)_{10}}$ を得る．

4.2.3 (参考) 乗算

□ **2進数1桁の乗算**

$$0 \times 0 = 0$$
$$1 \times 0 = 0$$
$$0 \times 1 = 0$$
$$1 \times 1 = 1$$

□ **2進数 n 桁の乗算**

- 乗数の各桁について, 0なら何もしない, 1のときのみ結果がある
- 乗算は, 乗数が1の桁について, 桁送りして加算する

□ **2進数の乗算の例**

$$\boxed{(11)_{10} \times (15)_{10}}$$

$$(1011)_2 \times (1111)_2$$
$$= (1011)_2 \times (1000 + 100 + 10 + 1)_2$$
$$= (1011)_2 \times (1000)_2 + (1011)_2 \times (100)_2 + (1011)_2 \times (10)_2$$
$$+ (1011)_2 \times (1)_2$$
$$= (1011)_2 \times 2^3 + (1011)_2 \times 2^2 + (1011)_2 \times 2^1 + (1011)_2 \times 2^0$$

と展開することができる.

ここで, たとえば $(1011)_2 \times 2^3$ は

$$(1011)_2 \times 2^3 = (1 \times 2^3 + 0 \times 2^2 + 1 \times 2^1 + 1 \times 2^0) \times 2^3$$
$$= 1 \times 2^6 + 0 \times 2^5 + 1 \times 2^4 + 1 \times 2^3$$

となる. したがって, $(1011)_2 \times 2^3 = (1011000)_2$ となり, $(1011)_2$ を3桁分 **左へビットシフト**したことになる.

同様にして,

$(1011)_2 \times 2^2 = (101100)_2$ ···2桁 **左へビットシフト**

$(1011)_2 \times 2^1 = (10110)_2$ ···1桁 **左へビットシフト**

$(1011)_2 \times 2^0 = (1011)_2$ ···0桁 **左へビットシフト** (シフトしない)

つまり,

· 2進数を1桁**左へビットシフト** $\implies$ 2倍

・2 進数を n 桁**左**へビットシフト $\implies 2^n$ 倍

以上から, 2 進数の乗算は, ビットシフト (桁送り) して加えることで行われる.

$$
\begin{array}{r}
101\,1000 \\
010\,1100 \\
001\,0110 \\
+)\ \underline{000\,1011} \\
1010\,0101
\end{array}
\quad
\begin{array}{l}
\cdots\ (1011)_2 \times 2^3 \\
\cdots\ (1011)_2 \times 2^2 \\
\cdots\ (1011)_2 \times 2^1 \\
\cdots\ (1011)_2 \times 2^0 \\
\end{array}
$$

4.2.4 (参考) 除算

□ **2 進数 1 桁の除算**

$$
\begin{aligned}
0 \div 1 &= 0 \\
1 \div 1 &= 1
\end{aligned}
$$

□ **2 進数 n 桁の除算**

— 除算は, 乗算の逆の操作である

— 除算では, 被除数から, 除数を減算できる回数が, 商となる

— 桁送り (ビットシフト) と減算 (加算) を使って計算する

□ **2 進数の除算の例**

$$\boxed{(93)_{10} \div (5)_{10}}$$

$$
\begin{aligned}
&(1011101)_2 \div (101)_2 \\
=\ &(1010000 + 1010 + 11)_2 \div (101)_2 \\
=\ &(1010000)_2 \div (101)_2 + (1010)_2 \div (101)_2 + (11)_2 \div (101)_2 \\
=\ &(101)_2 \times (10000)_2 \div (101)_2 + (101)_2 \times (10)_2 \div (101)_2 + (11)_2 \\
=\ &(101)_2 \times (10010)_2 \div (101)_2 + (11)_2
\end{aligned}
$$

と, 変形して考える.

ここで, $(1010000)_2$ は $(101)_2$ を左へ 4 桁シフトしたものである. すなわち, $(1010000)_2$ は $(101)_2$ を 2^4 倍したものであり, $(1010000)_2$ には $(101)_2$ が $(10000)_2$ 回あることになる. また, $(1010)_2$ には $(101)_2$ が $(10)_2$ 回ある

ことになる. 合わせて, 商は $(10010)_2$ となり, 余りが $(11)_2$ となる.

このように, 除算は除数をビットシフトしたものを被除数から引くことで計算できる. 実際には, 順次ビットシフトした数を引いてみて, 結果が負なら足し戻すことをする. この引き算には補数の加算を用いる.

以上のように, 2 進数の四則演算はすべて, 加算に置き換えることができる.

演習問題

演習 4.1　$(-190)_{10}$ と $(-55)_{10}$ を, 2 の補数表現で表しなさい.

演習 4.2　上の結果について, もう一度 2 の補数とったものを, 10 進数に変換しなさい.

演習 4.3　自分の学籍番号の下 3 桁の負の数を, 2 の補数表現で表しなさい.

演習 4.4　2 進数を用いて, $(25 + 14), (102 + 95)$ を計算しなさい.

演習 4.5　2 の補数を用いて, $(102 - 95), (95 - 102)$ を計算しなさい.

5

情報の表現 (3)

―実数と文字の表現―

　コンピュータ内部では，2進数を用いて処理に必要な情報 (命令やデータ) を表現している．これまでに，2進数を用いた数の表現方法，基数変換，負の数の表現 (補数)，2進数の四則演算の方法について学んだ．この章では，実数や文字や論理値などを2進数で表現する形式を説明する．

5.1 浮動小数点法による実数の表現

□　数値の表現形式には，次のようなものがある．

　　　数値データ
　　　　　－2進形式
　　　　　　　－固定小数点
　　　　　　　－浮動小数点
　　　　　－2進化10進形式
　　　　　　　－ゾーン10進数
　　　　　　　－パック10進数

□　これまでに学んだ数の表現方法は，2進数の**固定小数点方式**と呼ばれ，小数点が最下位桁の右にあるとして，整数を表すのに使われる．また，小数点が，最上位桁の左にあるとして，小数を表すこともできる．

5.1 浮動小数点法による実数の表現

- 整数部と小数部の両方を持つ実数を表すには，固定小数点ではできないので，**浮動小数点方式**が用いられる．
- 10進数の各桁は，それぞれ4ビットの2進数で表すことができる．10進数を1桁ごとに2進化したものを**2進化10進数 (BCD**, Binary Coded Decimal) といい，事務処理などに用いられる．
- 10進数1桁を4ビット，10進数2桁を1バイトを用いて表す**パック10進数**は，入出力や記憶用に用いられる．
- 10進数1桁を1バイトで表す (下位4ビットだけを用いる) **ゾーン10進数**に変換されて演算に用いられる．

5.1.1 固定小数点方式

前章までで学んだ固定小数点方式による正の整数，負の整数 (2の補数表現)，小数の表し方を，もう一度まとめる．

(1) 整数の表し方 (2バイト)

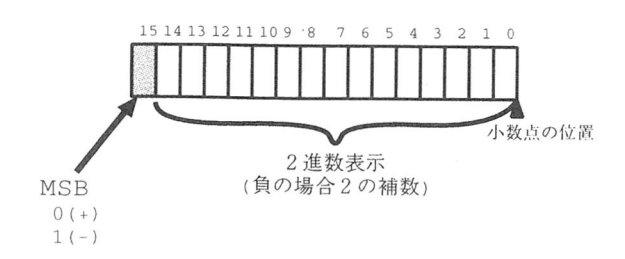

図 **5.1** 2バイトで整数を表した例

$\boxed{+123}$ $\quad\quad (123)_{10} = (1111011)_2$

0 00000000 1111011 （**+123**の固定小数点表示）

+ 残りには0挿入

$\boxed{-123}$ 0000 0000 0111 1011
                  ⇓
             1111 1111 1000 0100   (ビット反転)
        +)   0000 0000 0000 0001   (1 を加える)
             ─────────────────
             1111 1111 1000 0101   (2 の補数)

             1111 1111 1000 0101   (-123 の固定小数点表示)

(2) 小数の表し方 (2バイト)

```
15 14 13 12 11 10 9 8 7 6 5 4 3 2 1 0
```

MSB
0(+)
1(−)

小数点の位置

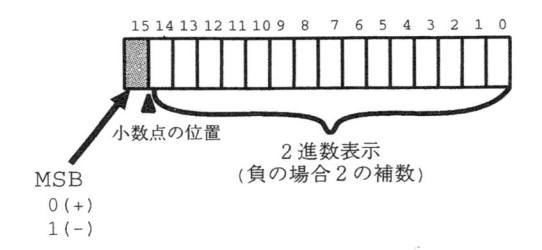

2進数表示
(負の場合2の補数)

図 **5.2**   2バイトで小数を表した例

$\boxed{+0.625}$ $(0.625)_{10} = (0.101)_2$

   0 1 0 1 0 0 0 0 0 0 0 0 0 0 0 0   (**+0.625 の固定小数点表示**)
   ＋   残りの下位ビットには0挿入

$\boxed{-0.625}$ 0101 0000 0000 0000
                  ⇓
             1010 1111 1111 1111   (ビット反転)
        +)   0000 0000 0000 0001   (1 を加える)
             ─────────────────
             1011 0000 0000 0000   (2 の補数)

             1011 0000 0000 0000   (-0.625 **の固定小数点表示**)

5.1.2　浮動小数点方式

□　固定小数点方式では実数の小数部分と整数部分を同時に表示できない.

5.1 浮動小数点法による実数の表現

- **浮動小数点方式**は，数値を $\boxed{1\text{未満の小数} \times \text{ある数のべき乗}}$ で表す方法で，べき乗の指数値を変えることで，小数点の位置を自由に移動できる．

- 科学技術表記 (物理や科学の定数など) では 10 のべき乗が使われるが，コンピュータでは 2 や 16 のべき乗を使う．

   例 $(1997.517)_{10}$
   $$= 1997.517 \times 10^0$$
   $$= 199.7517 \times 10^1$$
   $$= 19.97517 \times 10^2$$
   $$= 1.997517 \times 10^3$$
   $$= 0.1997517 \times 10^4$$

   例 $(0.0001997517)_{10} = 0.1997517 \times 10^{-3}$

- 一般化した**浮動小数点方式の表記法**は，次のようになる．

$$M \times B^e$$

   M：**仮数** (Mantissa)，e：**指数** (Exponent)，B：**基数** (Base)
   ただし，仮数 M は，$1/B \leq M < 1$ とする．

- コンピュータの浮動小数点方式では，2 または 16 のべき乗が一般に使われ，図 5.3 のように，決められた長さのビット列 (1 ワードまたは 2 ワード分) で仮数部と指数部を表す．
   限られた桁数の仮数部では，任意の小数 (2 や 16 で割り切れない場合など) を正確に表すことはできないので，その場合**誤差**が生じる．

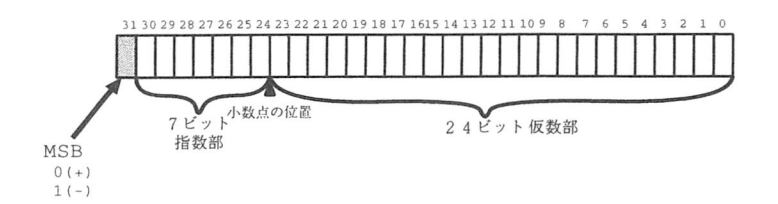

図 5.3 浮動小数点方式の例 (4 バイト，基数 16)

例 1：+2475.25

図 5.3 のように，16 を基数とし，全体で 4 バイト = 32 ビットのうち，符号 1 ビット，指数部 7 ビット，仮数部 24 ビットで表す場合の例を説明する．ここでは，指数部の負の数の表し方としてかさあげ表現を用いる．

$(2475.25)_{10}$ の整数部 $(2475)_{10}$ を 16 進数で表すと $(1001\,1010\,1011)_2 = (9AB)_{16}$ であり，小数部 $(0.25)_{10}$ は $(0.0100)_2 = (0.4)_{16}$ となる．これを，仮数 M が $1/16 \leq M < 1$ となるよう正規化する．

$$\begin{aligned}(2475.25)_{10} &= (9AB.4)_{16} \quad \Leftarrow \text{小数点を左に 3 桁移動} \\ &= (0.9AB4)_{16} \times 16^3 \\ &= (0.1001\,1010\,1011\,0100)_2 \times 16^3\end{aligned}$$

仮数部は 1001 1010 1011 0100 となる．

指数部は，$(3)_{10} = (11)_2$ である．
ただし，この例では，7 ビットの指数部で負の数を表すために，$(100\,0000)_2 = (64)_{10}$ を加えてかさあげ表現するので，指数部は次のようになる．

$$\begin{aligned}(3)_{10} + (64)_{10} &= (000\,0011)_2 + (100\,0000)_2 \\ &= (100\,0011)_2\end{aligned}$$

正の数だから，符号ビットは 0 である．
以上より，$(2475.25)_{10}$ を 4 バイト (32 ビット) で浮動小数点表示すると，次のようになる．

$$\underbrace{0}_{+}\,\underbrace{1000011}_{\text{指数部}}\,\underbrace{100110101011010000000000}_{\text{仮数部}}$$

例 2：+0.046875

例 1 と同じ方法で表現する．

$$\begin{aligned}(0.046875)_{10} &= (0.0000\,1100)_2 \\ &= (0.0C)_{16} \\ &= (0.C)_{16} \times 16^{-1} \quad \Leftarrow \text{小数点を右に 1 桁移動} \\ &= (0.1100)_2 \times 16^{-1}\end{aligned}$$

指数部は $(-1)_{10}$ であり，$(100\,0000)_2$ を加えてかさ上げ表現をすると，次のようになる．

$$(-1)_{10} + (64)_{10} = (111\,1111)_2 + (100\,0000)_2$$
$$= (011\,1111)_2$$

以上より，$(0.046875)_{10}$ を浮動小数点方式で 32 ビット表示すると，次のようになる．

$$\underbrace{0}_{+}\;\underbrace{0111111}_{指数部}\;\underbrace{1100000000000000000000000}_{仮数部}$$

5.2 文字コード

- □ コンピュータ内部では，文字や記号も 2 進数を使って表現されている．
- □ ある情報をどんな 2 進数のビット列で表すかの取り決めを**コード**といい，文字や記号についてもコードが定められている．
- □ 同じ 2 進数のビット列を，コンピュータ内部で数値として扱うか，文字として扱うかで，**表すものが異なる**（図 5.4 参照）．
- □ コードは独自に定めることもできるが，同じコードを使うことで情報を共有できるので，いくつかの**標準コード**が定められている．
- □ アメリカで広く使われている **ASCII**(アスキー, American Standard Code for Information Interchange) コードや大型コンピュータ (メインフレーム) でよく使われる IBM 社の **EBCDIC**(Extended Binary Coded Decimal Interchange Code) などがある．
- □ 日本語 (漢字) を含めた文字コードも，**JIS**, **シフト JIS**, **EUC** など，いくつかの標準がある．
- □ コンピュータや通信の分野の主な標準化機関について，付録に載せる．

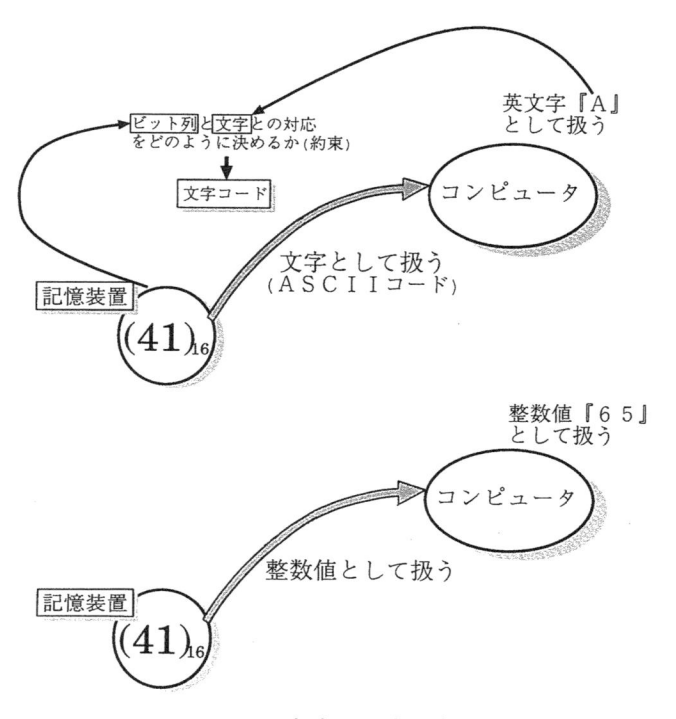

図 5.4 文字コードの扱い

5.2.1 ASCII コード

- □ ASCII コード (表 5.1) は,文字コード $(00)_{16}$ 〜 $(7F)_{16}$ の範囲の 128 種で英数字,英記号および各種制御符号を表すよう定められた 1 バイトコードである.
- □ 文字の種類が少ない英語圏では,7 ビットでも文字を表現できる.
- □ ASCII コードを元に,ISO コードや JIS コードが定められた.日本の JIS コードは ASCII コードをもとにカタカナが加えられている.
- □ 英語圏では 7 ビット ASCII が使われることがある (海外との電子メールなどで注意が必要).

5.2 文字コード

表 5.1 ASCII コード

上位 4 ビット (16 進)

	0	1	2	3	4	5	6	7	8	9	A	B	C	D	E	F
0			sp	0	@	P	`	p								
1			!	1	A	Q	a	q								
2	制	制	"	2	B	R	b	r								
3			#	3	C	S	c	s								
4	御	御	$	4	D	T	d	t								
5			%	5	E	U	e	u								
6	文	文	&	6	F	V	f	v								
7			'	7	G	W	g	w								
8	字	字	(	8	H	X	h	x								
9			)	9	I	Y	i	y								
A	領	領	*	:	J	Z	j	z								
B			+	;	K	[	k	{								
C	域	域	,	<	L	\	l	|								
D	cr		-	=	M	]	m	}								
E			.	>	N	^	n	~								
F			/	?	O	_	o									

下位 4 ビット

cr:改行 sp:空白

5.2.2 漢字コード

日本語 (漢字) のコード化にはいくつかの規格があり，利用者が混乱しやすい．よくあるトラブルとして漢字が正しく表示されず，訳の分からない文字に化けてしまうことがある．日本語 (漢字) のコード化の方法を理解し，自分が使用しているコンピュータが，どのような漢字コードを使っているか知っておくことと，必要に応じてコード変換をすることが大切である．

漢字コードの概要は，以下のようなものである．また，文字コードの詳細を付録に示す．

(1) **EUC**(Extended UNIX Code)
- 世界中の言語に対応できるように，AT&T 社 が中心になり標準化が進められた．現在 ISO の規格となっている．
- UNIX ワークステーションで使用されている．
- 1 文字は 1 バイト〜3 バイトで表現される．ASCII 準拠の基本コードセット (1 バイト) と，そのほかの漢字などを表す補助コードセットからなる．

(3) **JIS コード**
- **JIS7** 単位と **JIS8** 単位と呼ばれる 2 つのコードがある．ともに，ASCII コードにもとづくが，半角カナの表し方が異なる．
- 大型コンピュータ，オフィスコンピュータなどで使用されることが多い．
- JIS コードでは英数字，英記号，半角カタカナおよび制御符号を 1 バイトで表し，ひらがなや漢字などの全角文字を 2 バイトで表現する．シフト文字を使って 1 バイト文字と 2 バイト文字を区別する．

(4) **シフト JIS コード**
- パーソナルコンピュータで多く使用されている．
- ASCII 準拠で，英数カナは 1 バイト，日本語の全角文字は 2 バイトで表す．
- JIS コードのようにシフト文字を使わずにすべての文字を表現する．1 バイト目を見れば，1 バイト文字か 2 バイト文字かがわかるようになっている．

5.3 論理値の表現

論理値は，偽を 0 に真を 1 に対応させ，1 ビットで表現される．

演 習 問 題

演習 5.1 　10 進数 $(1.0)_{10}$, $(-1.0)_{10}$, $(0.1)_{10}$, $(-0.0001)_{10}$, $(10.1)_{10}$, $(-9.0)_{10}$ を 4 バイトの浮動小数点表示を用いて 2 進数に変換しなさい．

演習 5.2 　自分の学籍番号を 1000 で割った数 (たとえば、学籍番号 0123456 なら、123.456) を，4 バイトの浮動小数点表示で表しなさい．

演習 5.3 　次の 2 進数が ASCII コードであるとして，表している文字を書きなさい．$(01000001)_2$, $(01011010)_2$, $(01100001)_2$, $(01111010)_2$, $(00100011)_2$

演習 5.4 　自分の氏名を ASCII コードで表しなさい．

6

コンピュータのしくみ (2)

― 2値の論理と演算 ―

これまでに, コンピュータの構成と情報の表現方法を学んだ.
- □ コンピュータ内部の情報は, 数値も文字もすべて'0'と'1'の2進数で表現されている
- □ コンピュータの動作には, データと命令が必要で, これらはすべて2進数で表されている
- □ コンピュータ内部の演算や制御, 記憶は, すべて2進数(2値)で行われている

この章では, 2値の情報を使ってどのように演算や制御や記憶が行われるかをさらに詳しく見てみよう. 2値情報を扱う基本となる理論(ブール代数)について学び, それがハードウェア(回路)の実現にどのように用いられるかを学ぶ.

6.1 ブール代数

- □ **ブール代数**は**論理**(真か偽か, True or False, '1'か'0')を扱う代数系である.
- □ その変数を**論理変数**といい, 2値の値である**論理値**を持つ. たとえば, 論理変数 x は '0' か '1' のいずれかの値をとる.
- □ 2値の入力と出力の関係は, 論理変数に対する演算(**論理演算**)からな

る関数 (**論理関数**) によって定義することができる.
- 論理演算を行う機能を持った論理素子 (2値素子) を使って, 論理関数を回路で実現したものが**論理回路**である. コンピュータは, 基本的に論理回路で構成されている.

6.1.1 基本論理演算

- **論理積** – 乗法 AND ($\cdot$)
    - 2変数 x, y がともに 1 のとき, 論理積 $x \cdot y$ は 1 である.
    - 2変数 x, y のいずれかが 0 のとき, 論理積 $x \cdot y$ は 0 である.
- **論理和** – 加法 OR ($+$)
    - 2変数 x, y のいずれかが 1 のとき, 論理和 $x + y$ は 1 である.
    - 2変数 x, y がともに 0 のとき, 論理和 $x + y$ は 0 である.
- **論理否定** – 否定 NOT ($^-$ または $'$)
    - 変数 x が 1 のとき, 論理否定 $\bar{x}$ は 0 である.
    - 変数 x が 0 のとき, 論理否定 $\bar{x}$ は 1 である.
- **演算の優先順位** (強さ) は否定, 乗法, 加法の順.

6.1.2 真理値表

論理変数の値とそれに対する論理関数 (論理演算の式) の値の関係の表を**真理値表**という. 論理変数 x, y について, $x \cdot y$, $x + y$, $\bar{x}$ の真理値表を以下に示す.

表 6.1　基本論理演算の真理値表

x	y	$y \cdot x$	$x+y$	$\bar{x}$
0	0	0	0	1
0	1	0	1	1
1	0	0	1	0
1	1	1	1	0

6.1.3　定　理

ブール代数系の演算には次のような定理があり，論理関数の簡単化や変換に使われる．

表 6.2　ブール代数の定理

名称	AND 形式	OR 形式
単位元則	$x \cdot 1 = x$	$x + 0 = x$
零元則	$x \cdot 0 = 0$	$x + 1 = 1$
べき等則	$x \cdot x = x$	$x + x = x$
補元則	$x \cdot \bar{x} = 0$	$x + \bar{x} = 1$
交換則	$x \cdot y = y \cdot x$	$x + y = y + x$
結合則	$(x \cdot y) \cdot z = x \cdot (y \cdot z)$	$(x + y) + z = x + (y + z)$
分配則	$x + y \cdot z = (x+y) \cdot (x+z)$	$x \cdot (y + z) = x \cdot y + x \cdot z$
吸収則	$x \cdot (x + y) = x$	$x + x \cdot y = x$
ド・モルガン則	$\overline{x \cdot y} = \bar{x} + \bar{y}$	$\overline{x + y} = \bar{x} \cdot \bar{y}$

例題 1 分配則 $x + y \cdot z = (x+y)(x+z)$ を真理値表で確かめなさい．

6.1 ブール代数

表 6.3 例題 1 解答 分配則の確認

x	y	z	$y \cdot z$	$x+y$	$x+z$	$(x+y) \cdot (x+z)$	$x+y \cdot z$
0	0	0	0	0	0	0	0
0	0	1	0	0	1	0	0
0	1	0	0	1	0	0	0
0	1	1	1	1	1	1	1
1	0	0	0	1	1	1	1
1	0	1	0	1	1	1	1
1	1	0	0	1	1	1	1
1	1	1	1	1	1	1	1

6.1.4 論理式

論理関数では，入力と出力のいかなる関係でも，真理値表に書くことができ，また，それを式で書くことができる．この式，すなわち**論理式**を回路で構成したものが，論理回路であり，論理式と論理回路は一対一に対応する．論理回路を組み合わせてコンピュータの主要な回路が構成されている．

論理式の作り方は，

1. 入力のすべての組合わせのうち，出力が 1 のものだけについて，入力が 1 のものはそのまま，0 なら否定したものの積の式を書く．この式を**最小項**という．
2. 最小項の論理和が求める論理式である．この表現法を**主加法標準形**または**積和標準形**という．

例題 2 3 入力のうち，多数 (2 以上) が 1 のとき，出力 1 となり，多数が 0 のとき出力 0 となる多数決論理の論理式を書きなさい．

n 変数の論理関数の入力値の可能な組み合わせの数は，2^n 個になる．たとえば，3 変数 a,b,c の入力では，

$(a,b,c) = (0,0,0), (0,0,1), (0,1,0), (0,1,1), (1,0,0), (1,0,1), (1,1,0), (1,1,1)$ の $8(=2^3)$ 通りになる．

3 変数の多数決関数 $m = f(a,b,c)$ の真理値表は，表 6.4 になる．

表 6.4 多数決論理の真理値表

a	b	c	m
0	0	0	0
0	0	1	0
0	1	0	0
0	1	1	1
1	0	0	0
1	0	1	1
1	1	0	1
1	1	1	1

真理値表から, 出力 m が 1 になるのは,
$(a,b,c) = (0,1,1),(1,0,1),(1,1,0),(1,1,1)$ の 4 通りで, このときの入力の積の式 (最小項) は, $\bar{a}bc, a\bar{b}c, ab\bar{c}, abc$ である.

ここで, 入力が 1 のものはそのまま, 0 のものは否定して積をとる. $a\bar{b}c$ は "$a=1$ かつ $b=0$ かつ $c=1$" を意味する.

これらの和をとって, 論理関数は,
$$m = \bar{a}bc + a\bar{b}c + ab\bar{c} + abc$$
となる.

6.2 論理回路

- □ コンピュータのハードウェアが用いる情報は, '0' と '1' の 2 を基数とする **2 進数**であり, 2 進数を命令とデータの両方に用いている.
- □ このような 2 値の論理を扱う回路を**論理回路**と呼ぶ. コンピュータのハードウェアは論理回路を基本として構成されている.
- □ 論理回路そのものはトランジスタやダイオードなどの素子で作られており, 2 つの値は電気的な特性, たとえば, 高い電圧 (5V) を '1', 低

い電圧 (0V) を '0' に，あるいはその逆に対応させてある (図 6.1).
- □ 論理回路は，2 値素子 (論理素子) を用いて，2 値の入力に対して，ある規則に従って，2 値の出力をする．この規則が前出の論理関数で，コンピュータの計算機能を実現する機構である (図 6.2).
- □ これらの論理回路は，論理機能単位に小さな**集積回路**[†] に集約されてパッケージングされる．また，コンピュータの頭脳部分に相当する CPU は，多くの論理回路を組み合わせてできている[††].

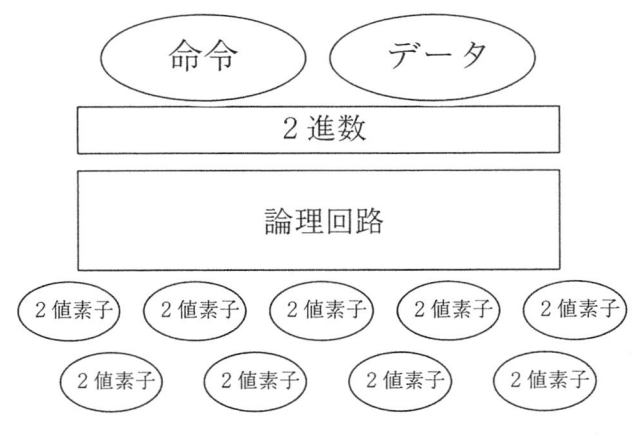

図 6.1　2 値素子と論理回路

[†] 物質には，電気をよく通す導体 (金属)，まったく通さない絶縁体，その中間的な半導体がある．導体 (金属) は，入力電圧に比例した電流が流れ，出力電圧が得られる．絶縁体は，電流を流さず出力は得られない．シリコンなどの**半導体**は，入力電圧がある一定条件を超えると出力が得られる特性を持っている．半導体の性質を利用した**トランジスタ** (transistor) は電気的なオン/オフ動作をするスイッチで，入力に対し出力は 2 つの安定な状態をとる．**集積回路 (integrated circut)** は数十から数百のトランジスタを 1 チップまとめたものである．年々集積されるトランジスタ数は増大し，1 チップに集積されるトランジスタ数は，数百万になった．これは，**超大規模集積回路 (VLSI** : Very Large Scale Integrated circuit) と呼ばれている．

[††] Intel 社の Pentium(ペンティアム) プロセッサでは，約 800 万トランジスタを数ミリ角のシリコンチップ上に集積している (1998 年).

図 6.2 論理回路

6.2.1 基本論理回路

ブール代数の基本演算を実現する回路が基本論理回路で，コンピュータのハードウェアを構成する最小単位である．基本論理回路には，AND 回路 (論理積)，OR 回路 (論理和)，NOT 回路 (否定)，NAND 回路 (論理積の否定)，NOR 回路 (論理和の否定)，XOR 回路 (排他的論理和) がある．ゲートとも呼ばれる．

(1) AND 回路

$$z = x \cdot y$$

AND(論理積) 回路は，すべての入力が同時に '1' のときだけ，出力も '1' になる．

AND 回路の真理値表は表 6.5 のようになり，論理記号[†] を図 6.3 に示す．

表 6.5 AND 回路の真理値表

入力		出力
x	y	z
0	0	0
0	1	0
1	0	0
1	1	1

[†] MIL 規格:米軍規格で表す．

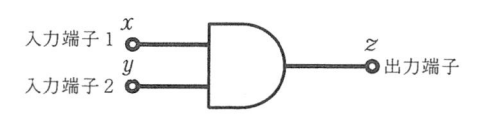

図 6.3　AND 回路の論理記号

この動作は, 図 6.4 のような回路の, "スイッチ A を ON(閉), かつ, スイッチ B を ON(閉) にすればランプ L が ON(点灯) になる" にあたる. ここで, ON は '1', OFF は '0' とする.

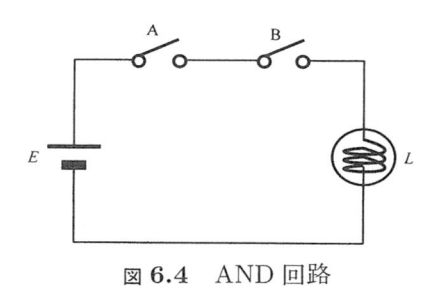

図 6.4　AND 回路

(2) OR 回路

$$z = x + y$$

OR(論理和) 回路は, 一つでも入力に '1' があれば, 出力が '1' になる.
OR 回路の真理値表は表 6.6 のようになり, 記号を図 6.5 に示す.

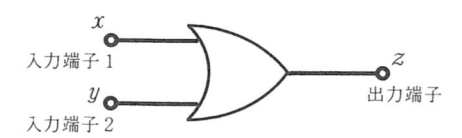

図 6.5　OR 回路の論理記号

表 6.6　OR回路の真理値表

入力		出力
x	y	z
0	0	0
0	1	1
1	0	1
1	1	1

図 6.6 の回路で考えると，"スイッチ A またはスイッチ B を ON(閉) にすれば，ランプ L が ON(点灯) する" という状態になる．

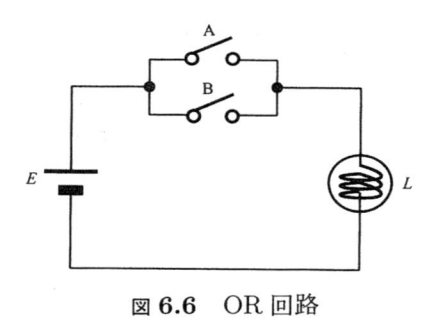

図 6.6　OR回路

(3) NOT回路

$$z = \bar{x}$$

NOT(否定) 回路は，一つの入力と一つの出力を持ち，入力を反転させる．NOT 回路の真理値表は表 6.7 のようになり，記号を図 6.7 に示す．

表 6.7　NOT 回路の真理値表

入力	出力
x	$z=\bar{x}$
0	1
1	0

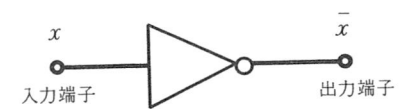

図 6.7　NOT 回路の論理記号

(4) XOR 回路

$$z = x \oplus y$$

XOR(排他的論理和, Exclusive OR) 回路は, 2 つの入力が異なるとき出力が '1' になる回路である.

XOR 回路の真理値表は表 6.8 のようになり, 記号を図 6.8 に示す.

表 6.8　XOR 回路の真理値表

入力端子		出力端子
x	y	z
0	0	0
1	0	1
0	1	1
1	1	0

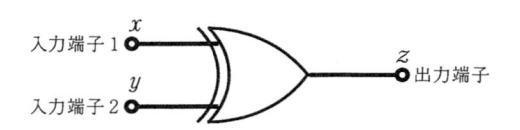

図6.8 XOR回路の論理記号

XOR(排他的論理和)の論理関数は, $z = x\bar{y} + \bar{x}y$ であり, AND, NOT, OR を組合わせた回路と等価である.

XORは, ビットパターンのマッチングや, ビットの反転(補数を求めるときなど)に使われる. たとえば, 2進数 "1101 0101" と "1111 1111" の各ビットのXORをとると, 出力は "0010 1010" となる (1とのXORでビット反転).

(5) NAND回路とNOR回路
- □ このほかにNAND回路(論理積の否定)とNOR回路(論理和の否定)があり, 2入力1出力の論理回路はすべて, NAND回路かNOR回路のいずれか一つを使って構成できるため, 実際には最もよく使われる.
  - NAND回路または, NOR回路の2入力に同じものをつなぐと, $\overline{x \cdot x} = \bar{x}, \overline{x + x} = \bar{x}$ (べき等則により) となって, NOTと等価になる.
  - NOTとNANDをつなげばANDが得られ, NOTとNORをつなげばORが得られる.
  - ドモルガン則より, $\overline{x \cdot y} = \bar{x} + \bar{y}, \overline{x + y} = \bar{x} \cdot \bar{y}$ であることを使って, NORはNANDを使って構成することができ, NANDもNORを使って構成できる.

6.2.2 (参考) 論理式から基本論理回路への変換

一般的な論理式から基本論理回路への変換方法は次のとおり

1. 論理式の真理値表を書く
2. 各入力の否定 (NOT) を作る
3. 出力が '1' になる各項に対して AND 回路を書く．その入力を，'1' ならばそのまま，'0' ならば否定からつなぐ．
4. AND 回路の出力を OR 回路の入力とし，全体の出力を得る．

たとえば，多数決論理式 $m = \bar{a}bc + a\bar{b}c + ab\bar{c} + abc$ は図 6.9 のような論理回路になる．

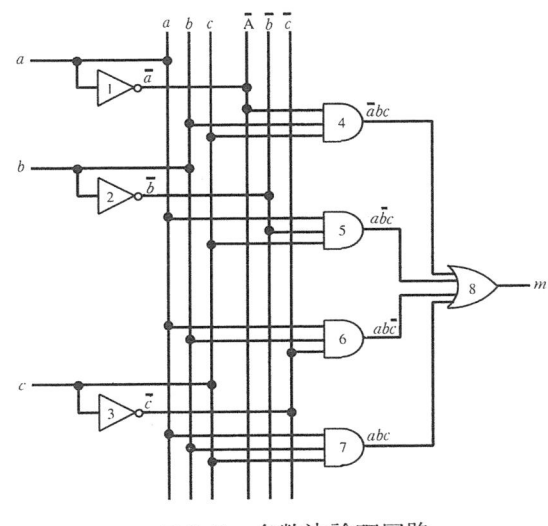

図 6.9 多数決論理回路

演習問題

演習 6.1 分配則 $x \cdot (y + z) = x \cdot y + x \cdot z$ を真理値表で確かめなさい．

演習 6.2 吸収則を真理値表で確かめなさい．

演習 6.3 ド・モルガンの定理を真理値表で確かめなさい．

演習 6.4　2 入力の比較器 (2 入力が同じなら'1', 異なれば'0' を出力) の真理値表と論理関数を書きなさい.

演習 6.5　2 入力のセレクタ (selector) の真理値表と論理関数を書きなさい.
2 入力セレクタは, 2 つの入力信号 a,b と制御信号 x の 3 入力に対して, x が'0' ならば出力は a の値, '1' ならば b の値を出力する回路.

演習 6.6　次の事柄を説明しなさい.
論理, ブール代数, 論理関数, 論理回路, 集積回路.

7

コンピュータのしくみ（3）
―演算と記憶の方式―

　前章で，2値を扱う論理関数と，論理関数を論理素子を使って実現する論理回路 (コンピュータの最小構成単位である) について学んだ．論理回路をいろいろ組合せた回路を**組合せ回路**といい，組合せ回路の一つである**加算器**を使って算術論理演算が行われる．また，論理回路を使って状態を保持する**順序回路**が構成され，**記憶回路**として使われる．この章では，論理回路を使った演算方式と記憶方式について学ぶ．

7.1　演算回路

　演算回路がどのようなものか見てみよう．ここでは，基本論理回路の**組合せ回路**である半加算器，全加算器，n 桁加減算回路，論理演算回路，算術論理演算部 (ALU) の順に構成を説明する．

7.1.1　算術演算

(1) 半加算器
　半加算器 (Half Adder，または半加算回路) は，2進数1桁の加算を行う演算回路である．
　この回路は2つの1ビット入力に対し，加算値 (和) と桁上がりを出力するが，下位の桁からの桁上がりは考慮しない．

半加算器の真理値表は表 7.1 のようになり，これから論理関数は，
$c = a \cdot \bar{b} + \bar{a} \cdot b = a \oplus b$
$d = a \cdot b$
となり，基本論理回路を用いて図 7.1 のように構成される．

表 **7.1** 半加算器の真理値表

被演算数 (a)	演算数 (b)	加算値 (c)	桁上り値 (d)
0	0	0	0
1	0	1	0
0	1	1	0
1	1	0	1

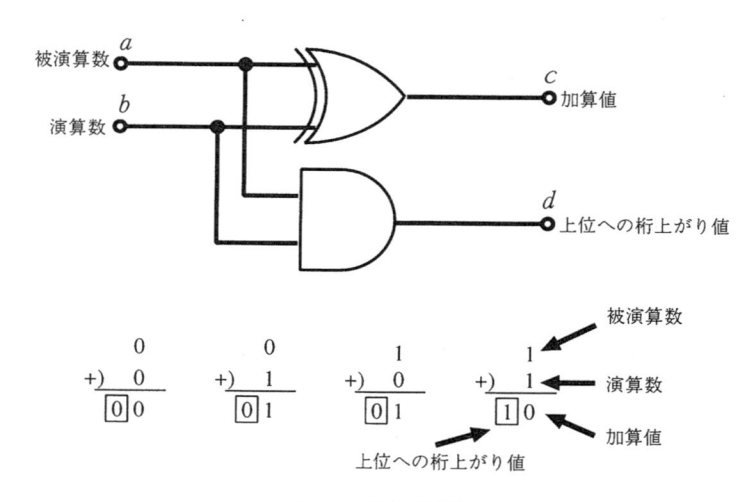

図 **7.1** 半加算器

(2) 全加算器

全加算器 (Full Adder, または全加算回路) は，1 桁の 2 進数同士の加算を行う演算回路である．

この回路は下位の桁からの桁上がりを考慮している．入力は桁上り 1 ビッ

ト，被演算数 1 ビット，演算数 1 ビットの 3 つで，出力は，加算値 (和) と上の桁への桁上がりの 2 つである．

全加算器の真理値表は表 7.2 のようになり，これより論理関数は，
$$d = \bar{a} \cdot b \cdot \bar{c} + a \cdot \bar{b} \cdot \bar{c} + \bar{a} \cdot \bar{b} \cdot c + a \cdot b \cdot c = (a \oplus b) \oplus c$$
$$e = a \cdot b \cdot \bar{c} + \bar{a} \cdot b \cdot c + a \cdot \bar{b} + a \cdot b \cdot c = (a \oplus b) \cdot c + a \cdot b$$
となる．

全加算器は半加算器と OR 回路を用いて図 7.2 のように構成される．

表 7.2　全加算器の真理値表

被演算数 (a)	演算数 (b)	下位桁からの桁上り値 (c)	加算値 (d)	上位桁への桁上り値 (e)
0	0	0	0	0
0	0	1	1	0
0	1	0	1	0
0	1	1	0	1
1	0	0	1	0
1	0	1	0	1
1	1	0	0	1
1	1	1	1	1

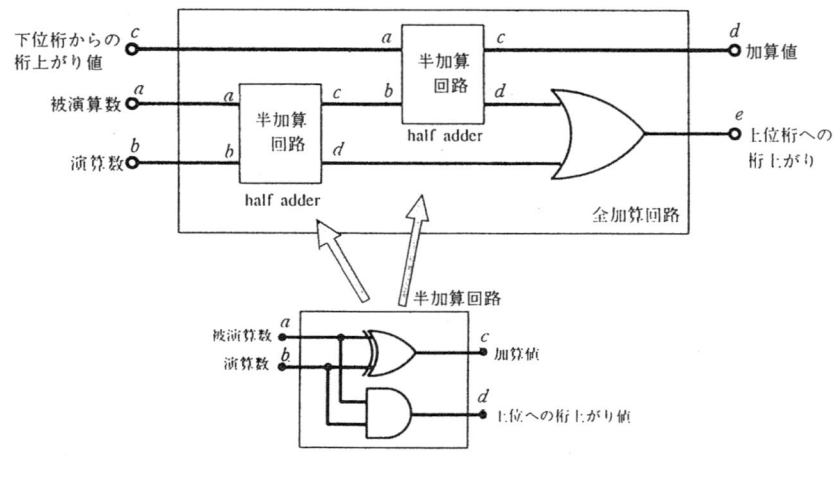

図 7.2　全加算器

(3) n 桁加減算回路

□ 全加算器を n 個組み合わせることによって，n ビットの 2 進数の加算ができる．各桁の桁上がり出力を，次の桁の桁上がり入力に接続する．
□ 全加算器と NOT 回路を組合わせることで，2 の補数の加算として減算ができる (2 の補数の求め方は，各桁反転して 1 を加える)．
□ この 2 つを一つの回路で行う．演算選択信号 (0 か 1) を使って，演算数の各桁との XOR をとれば，'0' のときはそのままで，'1' のときは全桁反転することになる．
□ さらに，この選択信号を最下位桁の桁上げ入力にも接続することで，'0' のときはそのまま加算を行い，'1' のときは全桁反転したものに 1 を加えることで，2 の補数を求めていることになり，減算が行われる．

7.1.2 論理演算

□ ビットごとの (2 値の) 演算を論理演算といい, 算術演算とともに, コンピュータの演算機能として必要である. ビットごとの AND, OR, XOR, 反転などを, 全ビットについて同時に行う.

□ これらの機能は, 算術演算回路の全加算器で兼用することができる. すなわち, 全加算器の論理関数は以下のようになっており,

$d = a \oplus b \oplus c$

$e = (a \oplus b) \cdot c + a \cdot b$

下の桁からの桁上がり c を, '0' に固定すると,

$d = a \oplus b$

$e = a \cdot b$

となり, 桁上がり c を, '1' に固定すると,

$d = a \oplus b \oplus 1 = \overline{a \oplus b}$

$e = a \oplus b + a \cdot b = a \cdot \bar{b} + \bar{a} \cdot b + a \cdot b$

$ = a \cdot (b + \bar{b}) + \bar{a} \cdot b = a + \bar{a} \cdot b = a + b$

(補元則, 吸収則による)

となり, AND, OR, XOR の演算になる.

□ また, XOR を使って, 反転や通過のビット演算もできる.

7.1.3 算術論理演算部 (ALU)

□ これまで見てきたように, 算術演算 (加減算) と論理演算 (ビット演算) を行う算術論理演算部 (ALU) は, 基本論理回路を組合わせた組合わせ回路である全加算器を基本要素として, 構成される.

□ ALU は, 一つの回路で何通りかの演算機能を持っており, 制御信号 (命令) を与えて演算の種類を選択する.

□ ALU の基本的な方式は, これまでに見てきたようなものだが, ALU を実際に設計する (回路構成や制御信号の与え方を決める) 際は, なるべくコンパクトで簡単な回路で, かつ効率よく高速に計算するよう

それぞれ工夫するので，ALU にはいろいろな種類があり，それがコンピュータハードウェアの違いになっている．つまり，CPU の種類が異なれば，回路の規模や構成，命令の種類や与え方，動作が異なる．

□ たとえば，基本的な 4 ビット ALU である ALU74181 というチップは，24 ピンの端子を持ち，4 ビットずつの入力 1，入力 2，出力と，電源 2 端子，キャリー 2 端子などの他に，4 ビットの機能選択入力と 1 ビットのモード選択入力の計 5 ビットで，32 通りの機能が選択できる．つまり，基本論理回路で構成された演算回路に，各 4 ビットの 2 進数の入力と，5 ビットの 2 進数で表される命令を与えて，演算結果 (出力) が得られる回路である．

□ 一般に，シンプルな設計の回路は作りやすく，価格が低くなり，少ない命令を組合わせて動作するので効率も良い．一方，価格よりも性能を重視して，あらかじめ複雑な演算には専用回路を持ち，多数の命令を持つ設計もある．それぞれ，用途に応じて設計されている．

7.2 記憶回路

7.2.1 順序回路による記憶

□ コンピュータの主要な構成要素に**記憶回路** (**メモリ**, memory) があり，主記憶や CPU 内のレジスタに用いられている．

□ 入力が与えられたとき，現在加えられている入力のみではなく過去にどのような入力が加えられたかという履歴によって出力の応答の仕方が変わる回路を**順序回路**と呼ぶ．

□ "論理ゲートの出力をまた入力に使う" ことで，外部からの入力が与えられない限り，1 か 0 の安定した状態を保持し，入力が与えられると状態が変る回路が構成される．このような回路を**フリップフロップ** (Flip-Flop) といい，1 ビットのメモリとして使われる．

□ 順序回路 (フリップフロップ) の特性を使って記憶回路を作ることが

7.2 記憶回路

できる, n 個を組合わせて, n ビットのレジスタやカウンタ, 主記憶に使うメモリができる.

簡単な順序回路の例として, SR フリップフロップ (SR Flip-Flop) の動作を, 巻末の付録で説明する.

7.2.2 アドレスの指定

□ 主記憶装置は, 主記憶またはメモリとも呼ばれ, 何ビットかの集まりを一つの単位として**番地 (アドレス : address)** が付けられている (図7.3).

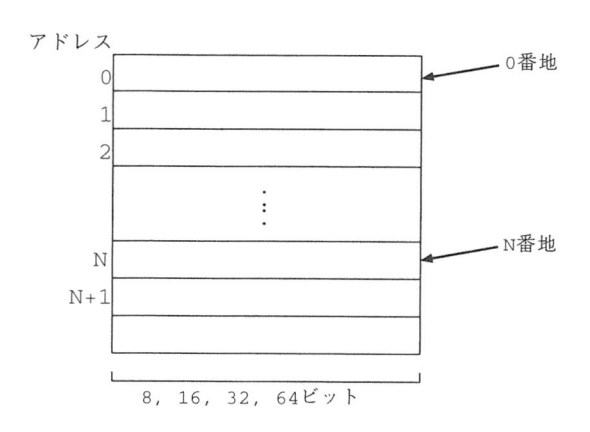

```
アドレス
   0 ──────────────── ← 0番地
   1
   2
   ⋮
   N ──────────────── ← N番地
  N+1

  8, 16, 32, 64ビット
```

図 **7.3** 主記憶の構成

□ 必要なデータが記憶されている主記憶上の位置を指定することを**アドレシング, アドレス方式** (addressing) という. アドレシングにはいくつかの方法がある. 直接アドレス方式 (direct addressing) と間接アドレス方式 (indirect addressing), 相対アドレス方式 (relative addressing), インデックスアドレス方式 (index addressing), イミディエイト (即値) アドレス方式 (immediate addressing) などがあり, 命令で指定する方法が異なる.

7.2.3 いろいろな記憶

- 現在，レジスタや主記憶に使われているメモリは，ほとんど上のような回路の**半導体メモリ**で構成されている．
- 半導体メモリには，読み出しと書き込みができる **RAM**(Random Access Memory) と，読みだし専用で書き込み済の **ROM**(Read Only Memory) がある．
- 半導体メモリは**電気的な記憶**であり，高速に読み書きができるが，基本的には記憶の保持に電気エネルギーが必要で，電源を切ると記憶が失われる (**揮発性**)．
- このほかに**磁気的な記憶**があり，主に補助記憶に使われている．磁気的な記憶は，記憶の保持には電気的エネルギーを必要としない (**不揮発性**) が，電気的記憶に比べ速度が遅い．
- 一般に，高速の記憶は高価で，低速の記憶は価格が低い．このため，その性質に応じて記憶の種類を使い分けるのが**記憶階層**の考え方である．第2章でも説明したように，
  - 処理に必要な情報に優先順位をつけ，保存する記憶装置を使い分ける
  - 特に高速性を要求されるところには，高速だが高価な記憶を小量使い
  - そうでないところには，低速だが安価な記憶を大量に使うことで
  - 全体としての価格対性能を良くする
- 実行中の命令とそのデータは最も高速な **CPU 内のレジスタ**に置き，動作中の仕事に関するプログラムやデータは，比較的高速で容量が小さく価格が高い**主記憶**に置き，**補助記憶**との間で入替えて利用する．CPU の処理速度 (命令の実行) に比べメモリのアクセスはとても遅いので，この差を調整するため，CPU と主記憶の間に高速な記憶 (**キャッシュメモリ**) を置き，また，主記憶と補助記憶の間に入替え用の記憶

(**ディスクキャッシュ**)を置くことで,高速化を計る方式がよく使われている.また,補助記憶の中でも,比較的よく使う情報は磁気ディスク(ハードディスク)に置かれ,利用頻度の低い情報はフロッピィディスク,磁気テープ,光磁気(MO)ディスク,CD-ROM(読出し専用)など,低速で安価な(一般に取り外し可能な)大容量記憶装置に置かれる.

記憶の階層構成と各記憶装置の性能の大まかな比較を図 7.4 に示す.

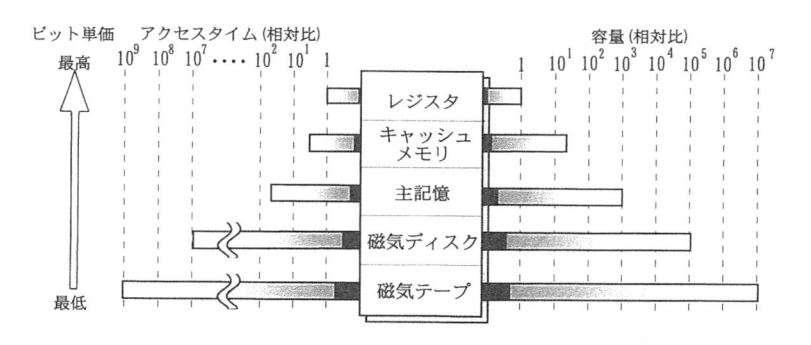

図 **7.4** 記憶の階層構成と性能の比較

7.3 コンピュータの構成のまとめ – CPU とメモリの構成

コンピュータの主要な構成要素である演算回路やメモリは,AND, OR, NOT などの論理回路を基本要素として構成されている.ここでもう一度,これまでに学んだコンピュータの構成をまとめる.

- □ **CPU(中央処理装置)** は,**ALU**(算術論理演算装置 : Arithmetic and Logical Unit),**レジスタ群** (Register Unit) と**制御装置** (Control Unit) から構成される.
- □ 図 7.5 は,ALU とデータを一時的に記憶するメモリである**レジスタ** (register) の構成を示す.

□ **バス (bus)** は，装置間を結ぶ共通の電気信号線であり，装置間を n 本の導線で平行 (パラレル) 接続し，一度に n ビットの情報を転送する．バスに接続された各装置は，決められたタイミングでバスにデータを出したり，バスからデータを読んだりする．

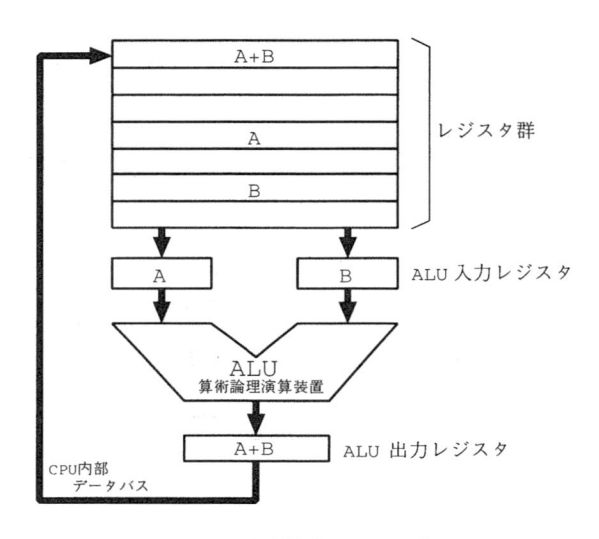

図 **7.5** ALU とレジスタ

□ 図 7.6 に**コンピュータの構成**を示す．図に示すように，**CPU** はアドレスバスとデータバスを介して**主記憶装置 (メモリ)** や **I/O(入出力装置)** と結ばれている．アドレスバスでデータを読み書きするメモリの記憶場所 (**アドレス**) や I/O を特定し，データバスを介して読み書きするデータを転送する．

□ コンピュータの本体は，**CPU** と**主記憶 (メモリ)** の 2 つの主要部分からなり，CPU は演算などの処理を実行する部分で，データに対して演算や操作を行うために**演算レジスタ (アキュムレータ, accumulator)** を備える．また，メモリから取り出した**命令 (instruction)** を一時的に記憶する**命令レジスタ (instruction register:IR)** とその解読を

行う**デコーダ (decoder)** を備える．実際には，いくつかの**汎用レジスタ**を持ち使い分けることが多い．

- □ これらの主要な回路は，論理関数で記述できる機能を持ち，論理関数に対応する論理回路を最小単位として構成され，すべて2進数のデータと命令を用いて動作する．
- □ 以上のことから，コンピュータは魔法の箱ではなく，論理回路によって構成された論理的機構だということがわかる．

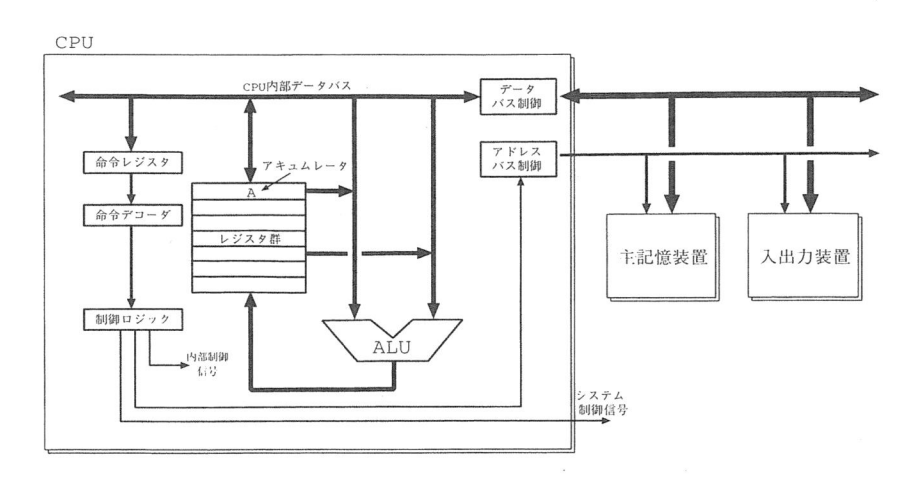

図 **7.6** コンピュータの構成

演習問題

演習 7.1 全加算器をもとに，1ビットの全減算器を考え，その真理値表と論理関数を書きなさい．
演習 7.2 演算回路がどのように構成されているか，要点を述べなさい．
演習 7.3 記憶回路がどのように構成されているか，要点を述べなさい．
演習 7.4 記憶装置の種類と特徴を挙げ，記憶階層について説明しなさい．
演習 7.5 コンピュータの5つの構成要素をあげ，説明しなさい．

8

コンピュータのソフトウェア
―役割と種類，OS―

コンピュータの**ハードウェア**はそれだけでは動作せず，演算の種類，制御，データの転送などの動作が**命令**によって回路に指示されることで機能する．ハードウェアに動作手順を指示する一連の命令を**プログラム**といい，様々なプログラムの総称を**ソフトウェア**という．

前章までは，コンピュータをハードウェアの面から見てきたが，この章から，ハードウェアを動かすために必要なソフトウェアについて，その役割，種類，動作などを学び，コンピュータの仕組みと性質を理解する．

8.1 命令の実行

☐ 第2章で，コンピュータの基本動作の概要を説明したように，コンピュータは，実行に必要な命令とデータとその結果をCPUと主記憶の間で転送し，プログラムで指示された命令を順に実行していく．

☐ 命令が実行される動作手順は以下のようなものである．また，この様子を図8.1に示す．

1. 主記憶 (メモリ) の番地を指定してCPUの命令レジスタ (IR) に命令を読み出す (**命令フェッチ**)
2. プログラムカウンタ (PC) を，次に実行する命令の場所に設定する
3. フェッチした命令の種別を決める (**命令のデコード**)

8.1 命令の実行

4. 主記憶上のデータを使う命令ならば、その場所を特定する
5. (必要ならば) 指定されたデータを, CPU の演算レジスタ (AX) に読み出す
6. 命令を実行する (**命令の実行**)
7. 主記憶の適当な場所に, 結果を格納する
8. 次の命令を実行するために手順 1 へ行く

図 8.1　コンピュータの動作 - 命令の実行

- 複雑な動作をしているコンピュータも，ハードウェアレベルでは，命令の読み出し，解読，実行の単純なサイクルを繰り返しているだけである (図8.2)．
- CPUは，内部の時計 (clock) に同期して，このサイクルの処理を実行する．時計の刻みをクロック周波数といい，CPUの性能 (処理速度) の要因の一つである (最近のマイクロプロセッサのクロック周波数は，100MHz= 10^8clock/sec ～ 450MHz 程度 (1998年))．

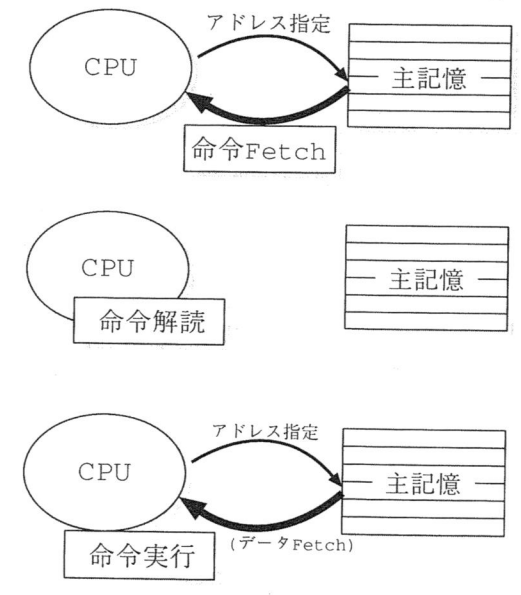

図 8.1 命令のフェッチ，解読，実行のサイクル

8.2 命令とプログラム言語

命令を記述するための言語が**プログラム言語**であり，記述の規則 (文法や語彙) がある．プログラム言語には，機械語，アセンブリ言語，高級言語がある．これを順に説明する．

8.2.1 機械語

- □ コンピュータ内部の情報はすべて2進数で表現されており，命令とデータは2進数で表現されている．コンピュータのハードウェア(機械)が解釈できる命令，すなわち，2進数で表現された命令は**機械語** (machine language) と呼ばる．
- □ 命令の種類は，一般に，表 8.1 ようなものがある．
- □ ただし，演算回路の構成で見てきたように，CPU の種類が異なれば回路の構成が異なり，それに対する命令の種類とコード(命令セット)が異なる．
- □ 機械語の命令は，一般に，命令の種類を識別する命令コードと，命令の実行に必要なデータやアドレスの指定などをするオペランドの部分からなり，その構成は CPU ごとに異なる．

> **例 1** 二数の和を求める機械語プログラム (部分)

$(500)_{16}$ 番地の内容と $(501)_{16}$ 番地の内容の和を求め，$(502)_{16}$ 番地に結果を書くとする．ここでは，演算レジスタが一つしかない簡単な構成の仮想 CPU を考える．16 ビットの命令のうち，4 ビットで 16 種類の命令コードを指定し，ロード命令は 0001，ストア命令は 0010，加算命令は 0100 などとする．そして，12 ビットをオペランドとしてデータの記憶場所 (アドレス) を直接指定することにすると，機械語プログラムは次のようになる．

```
0001010100000000    演算レジスタに 500 番地の内容をロード
0100010100000001    演算レジスタに 501 番地の内容を加算
0010010100000010    演算レジスタの内容を 502 番地にストア
```

8.2.2 アセンブリ言語

- □ 機械語の命令 (2 進数のコード) は，人間が読んだり書いたりするのに不便なので，これを意味のある英字記号にほぼ一対一に置き換えたものが**アセンブリ言語** (assembly language) である．ニーモニックコー

表 8.1 命令の種類 (例)

命令区分	内容
転送命令	CPU から主記憶へのデータ転送 主記憶から CPU へのデータ転送 レジスタからレジスタへのデータ転送 など
四則演算命令	2 つのデータ項目の加算 2 つのデータ項目の減算 2 つのデータ項目の乗算 2 つのデータ項目の除算 など
論理演算命令	2 つのデータ項目の比較 データの論理積 (AND) データの論理和 (OR) データの論理否定 (NOT) データの排他的論理和 (XOR) など
分岐命令	無条件分岐 条件分岐 など
入出力命令	入力装置より CPU へデータの転送 出力装置へのデータの転送 など

ド，記号語ともいう．

□ アセンブリ言語で書かれたプログラムは，機械語に変換されて実行される．変換の作業を行うプログラムを**アセンブラ** (assembler) という．

> **例 2** 二数の和を求めるアセンブリ言語のプログラム (部分)

先の例の機械語プログラムを記号に置き換えたる．ただし，ロード命令はLD，ストア命令は ST，加算命令は ADD と指定し，データの記憶場所 (アドレス) を直接指定することにすると，次のようになる．

```
LD  AX,500      演算レジスタ AX に 500 番地の内容をロード
ADD AX,501      演算レジスタに 501 番地の内容を加算
ST  AX,502      演算レジスタの内容を 502 番地にストア
```

8.2.3 高級言語

- さらに効率よくプログラムを作成するために，なるべく人間の言葉 (自然言語) に近く，ある程度まとまった処理を，ハードウェアをあまり意識せずに記述できるように作られたプログラム言語が**高級言語** (high level language) である．
- 高級言語の仕様は，ハードウェアの設計に依存せず共通に作られており，言語ごとに文法や語彙が決められている．また，よく使われる処理はあらかじめ部分プログラムとして用意されている．
- よく知られている言語として，FORTRAN, COBOL, Pascal, C, BASIC, LISP, Prolog, C++, Java などがある．また，特定の用途向きのいろいろな問題向き言語がある．

  - FORTRAN：1957 ～ 科学技術計算向き
  - COBOL：1959 ～ 事務処理用，実務によく使われている
  - Pascal：1970 ～ 教育用，簡潔で厳密な仕様の洗練された言語
  - C：1972 ～ システム記述向き言語，よく使われている
  - BASIC：1964 ～ 教育用簡易言語，パソコン用に広まった
  - LISP：1962 ～ 記号処理，リスト処理，人工知能研究用の関数型言語
  - Prolog：1972 ～ 知識処理，人工知能研究用などの論理型言語
  - C++：1980 ～ システム記述向きのオブジェクト指向言語
  - Java：1995 ～ 環境に独立な (どのコンピュータでも動く) オブジェクト指向言語

例 3 二数の和を求める Pascal 言語のプログラム (部分)

データは，主記憶のアドレスではなく，名前をつけて指定する．アドレスと名前の対応は利用者は意識しなくてよい．xのデータとyのデータの和を求め，waに格納するプログラム(部分)は次のようになる．

```
    wa := x + y;
```

また，2つの整数をキーボードから読み込んで，2整数と和を表示するプログラムの例を示す．

```
program reidai(input,output);
  var x,y,wa:integer;
begin
  write('2つの整数を入力してください=>');
  read(x,y);
  wa:=x+y;
  writeln(x,y,' の和は: ',wa)
end.
```

□ 高級言語は，**言語処理プログラム**によって機械語に変換される．言語処理プログラムは，コンパイラとインタプリタに分けられる．

□ **コンパイラ** (compiler) は，高級言語で書かれたプログラム (**ソースプログラム**, source program) を入力し，その全体を翻訳して，機械語のプログラム (**オブジェクトプログラム**, object program) を出力する．FORTRAN, COBOL, C, Pascal コンパイラなどがある．

□ いくつかの部分からなる大きなプログラムや，用意された共通の部分プログラムや関数を使っている場合 (一般に使っている) は，それぞれのオブジェクトプログラムを編集してつなぎ，一つの**実行プログラム**にする．これは**リンカ**または**リンケージエディタ**と呼ばれるプログラムで行われ，実行プログラムは**ロードモジュール**とも呼ばれる．

□ **インタプリタ** (interpreter) は，プログラムの各行を逐次解釈し，実行する．BASIC, LISP インタプリタなど．

簡単な構成の仮想 CPU の命令セットとアセンブリ言語の例と，その命令の実行時の動作の例を，巻末の付録で詳しく解説する．

8.3 ソフトウェアの種類 (体系)

- 利用者がコンピュータを使って仕事をする上で，使いやすく効率よく使えるように様々なソフトウェアが開発され，機能を提供している．
- ソフトウェアには，コンピュータを正しく効率的に動作させ利用環境を提供するための**基本ソフトウェア**と，特定の目的のための**応用ソフトウェア (アプリケーションソフトウェア)** がある (図 8.3, 図 8.4 参照)．

(1) 基本ソフトウェア

基本ソフトウェアは以下のような機能を持ち，制御プログラム (狭義の OS) と処理プログラム (拡張 OS) がある．

1. コンピュータシステム全体を正常に運用し監視する
2. 利用者に使いやすい環境を提供する
3. コンピュータシステムを構成する資源を効率的に活用するよう管理する
4. その他コンピュータの利用の役に立つ機能 (言語処理プログラム, エディタ, サービスプログラム/ユーティリティプログラム, ツールなど) を提供する．

(2) 応用ソフトウェア

それぞれの仕事や利用目的のためのプログラムで，以下のものがある．

- ユーザプログラム ⇒ 利用者が作成する処理プログラム
- パッケージプログラム ⇒ 定型業務用に提供されるプログラム

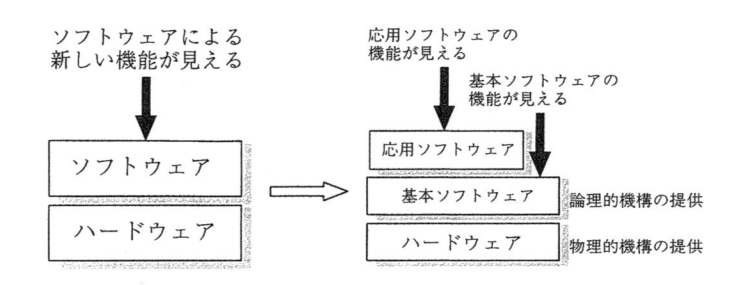

図 8.3 コンピュータの階層構成

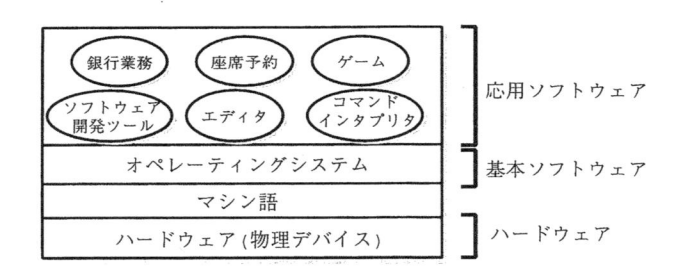

図 8.4 ハードウェア,基本ソフトウェア,応用ソフトウェアの構成

8.4 オペレーティングシステム (OS)

基本ソフトウェアとして最も基本的で,すべてのソフトウェアの根底にあるのが**オペレーティングシステム (OS : Operating System)** である.特に,次のような仮想マシンの提供と資源管理の2つの意味で重要である.

8.4 オペレーティングシステム (OS)

8.4.1 仮想マシンとしての OS

- これまで見てきたように，コンピュータのハードウェアが提供するマシン語レベルの機能は非常に原始的で，そのままでは人間にとって理解しづらく，指示を与えるのが難しい．またハードウェアが提供する物理的機構がそのまま見え，ハードウェアに対しても細かな指示を与えなければならず，人間にとって使いにくい．
- たとえば，フロッピィーディスクから文書を読み出すにも，ハードウェアレベルの命令では，フロッピーディスクコントローラに，目的の文書が保存してあるディスクのトラックやセクタといった数字を指定して，その内容を読み出すよう指示する必要がある．
- 一方，利用者にハードウェアの詳細を意識させないで，情報をひとまとめにして読み書きできる，名前のついた**ファイル** (file) というわかりやすい概念を提供するのが，**オペレーティングシステム**である．この機能はファイルシステム，ファイルマネジャーと呼ばれる．
- OS は，利用者にディスク装置の実際を意識させないように，ファイルというインタフェースを提供するのと同様にして，**割り込み・タイマ・メモリ管理**といった低レベルの機能に関する細かいことから利用者を解放する．
- また，利用者は，ハードウェアに対してでなく，ソフトウェアに対して指示を与える．OS は，より指示の与えやすい方法を提供することができる．

  たとえば，利用者の指示 (**コマンド**, command) を解釈して，その命令をソフトウェアやハードウェアに伝える機能 (コマンドインタプリタ) を持ち，その結果 (メッセージ) を利用者に提示する．利用者との間の利用環境を**ユーザインタフェース** (user interface) といい，OS のサポートする機能の一つである．

  さらに，コマンドだけでなく，ウィンドウ画面の**アイコン** (icon, 絵文字) とマウスでの指示を可能にし，応答を視覚的に提示する機能を，**グ

ラフィカルユーザインタフェース (GUI, Graphcal User Interface) といい，これが利用者から見たコンピュータになる．
- 利用者から見れば，ハードウェアが異なっても，OSが同じでユーザインタフェースが同じなら同じコンピュータとして利用でき，ハードウェアが同じでも，異なるOSが動いていてユーザインタフェースが違えば，違うコンピュータといえる．
- このように，OSは，物理的な機構であるハードウェアを抽象化して，利用者に**仮想マシン (virtual machine)** を提供している．

8.4.2 資源管理プログラムとしてのOS

- OSには，利用者に使いやすいインタフェースを提供するという役割に加え，複雑なシステムの各部分を効率良く管理するという，もうひとつの役割がある．
- コンピュータは，CPU, 主記憶, タイマ, ディスク, プリンタなどの多くのデバイス (device：装置) から構成されている．OSは多くの競合するプログラムの中で，CPU, メモリ, I/Oなどを正しく制御し，これらの**資源** (resource) を効率良く割り当てる．

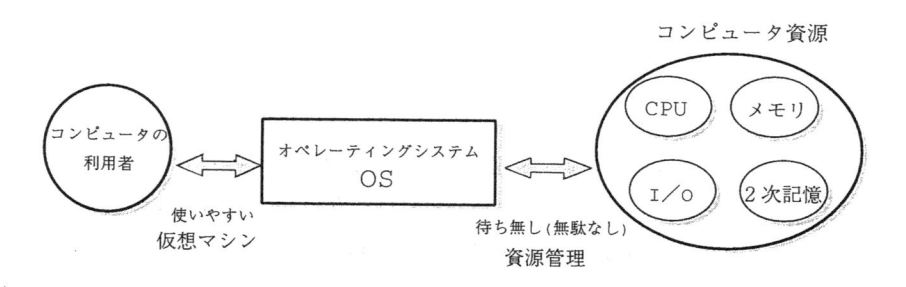

図8.5 OSの役割

- たとえば2つのプログラムが同じプリンタに同時に出力をしようと

した場合，両方の印字出力が混ざってしまうと困るが，OSはこれをうまく処理している．プリンタなどの資源を共有して正しく動作させ，効率的に利用できるようにしている．

これらの役割を図8.5に示す．

8.4.3 OSの主要機能

(1) プロセス管理　アプリケーションソフトウェアの実行を管理する機能．本格的なOSでは，同時に複数のプログラムを並行して動作させるマルチタスク機能を備える．タスク管理，ジョブ管理も同様．

(2) メモリ管理　プログラムの要求に応じてメモリを割り当て，管理する機能．主記憶の実際の(物理)メモリの容量を意識しないでプログラムを動作できるようにする仮想記憶を提供し，メモリを有効活用する．

(3) ファイルシステム　ディスク装置などの記憶媒体の管理を支援する機能．ファイルシステム機能の働きによって，ファイルをファイル名で呼び出したり，ディレクトリ階層を利用してファイルを整理することが可能になる．

(4) 入出力管理　様々な周辺機器をアプリケーションソフトウェアから利用できるようにする機能．機器に固有な制御をプログラム化した"ドライバ"と呼ばれるソフトウェアを組み込むことによって，アプリケーションソフトウェアからどの機器も統一的な方法で制御できるようになる．

(5) 通信とネットワークの管理　ネットワークへの接続や，他のコンピュータとの通信，共同作業などが正しく円滑に行われるよう管理する．

(6) 異常や障害の処理　誤った操作やプログラム，ハードウェアの異常，災害など，想定される様々な異常に対応し被害を最小にする．

(7) ユーザインタフェース　利用者にとってコンピュータをより使いやすくする機能．

OSには，MS-DOS/Windows, UNIX, MacintoshOS, OS/2などがある．

8.4.4 (参考) 多重プログラミング

OSの目的であるコンピュータを効率よく使うための技法の一つに, 多重プログラミングがある.

CPUの処理速度は入出力に比べ, はるかに速い[†]. CPUが入出力処理待ち状態になって処理が中断したとき, 他に仕事があればそれを実行するようにすれば, CPUは休むことなく効率的に仕事をこなしていることになる.

いくつかの仕事を並行して実行することでCPUの遊びを極力減らすようにする. これを**多重プログラミング (multi-programming)** という.

CPUに待ちが生じないように, いくつかのプログラムを切替えて処理を実行するように管理しているのが**プロセス管理モジュール**または**タスク管理モジュール**である.

プロセス (process) または**タスク (task)** はCPUから見た仕事の単位で, 実行可能プログラム, プログラムのデータ, プログラムカウンタ, レジスタなどプログラムの実行に必要な情報から構成される.

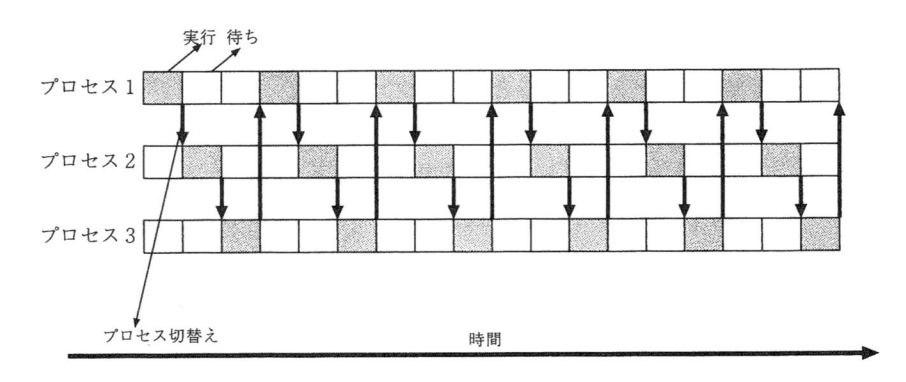

図 8.6 多重プログラミング

[†] 一般に, CPUはナノ秒 (10^{-9} 秒) のオーダー, I/Oはミリ秒 (10^{-3} 秒) のオーダーで動作する. 実に 10^6(100万倍)CPUの方が高速である.

8.4 オペレーティングシステム (OS)

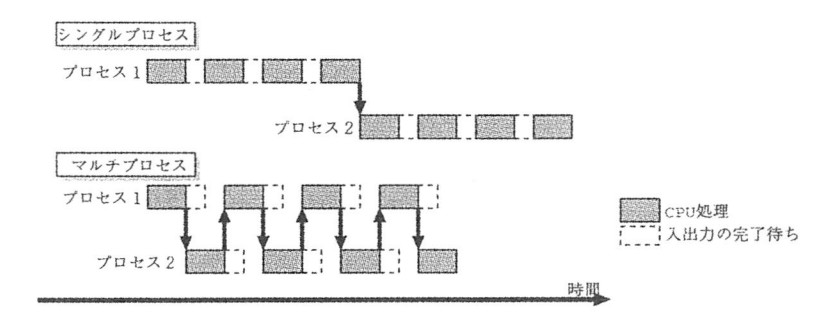

図 8.7 シングルプロセスとマルチプロセス

演習問題

演習 8.1 表 8.1 の命令または付録の表 D のアセンブリ言語の命令を使って，"二数の大きい方を求める"手順を指示する一連の命令を書きなさい．

演習 8.2 付録で解説した Z := X + Y; の実行例を参考に，x の 3 乗を計算する一連の命令またはアセンブリ言語の命令を書きなさい．また，付録の例のように，プログラムカウンタ PC，命令レジスタ IR，実行レジスタ AX が各命令の実行でどのように変化するかを，図示しなさい．

演習 8.3 高級言語には，どのようなものがあるか調べなさい．

演習 8.4 OS について説明しなさい．OS の役割と機能を書きなさい．

演習 8.5 次の用語を説明しなさい．

ソフトウェア，機械語，プログラム言語，アセンブリ言語，高級言語，

エディタ，コンパイラ，インタプリタ，アセンブラ，ソースプログラム，オブジェクトプログラム，ロードモジュール

基本ソフトウェア，応用ソフトウェア，プロセス，ファイル，コマンド，ユーザインタフェース，GUI

9

ソフトウェアの方法（1）

―問題解決の方法―

これまでに，コンピュータのソフトウェアについて，以下のことを学んだ．
- コンピュータは，ソフトウェアによって機能する
- ソフトウェアには，基本ソフトウェアと応用ソフトウェアがあり，それぞれいろいろな種類がある
- プログラム言語とオペレーティングシステム (OS) の役割と機能

この章から，ソフトウェアはどのようにして作られるかを見ていく．まず，コンピュータを使った問題解決の基本となる考え方と方法を学ぶ．

9.1 問題解決の方法

コンピュータを使って問題解決を行うためには，次のようなステップがある．
1. 問題の分析と定式化
2. 解決方法の設計
3. 解決方法の実現
4. テストと検証
5. 文書化, 保守

まず，何を行うか問題を定め，どのように行うか設計し，それをプログラムで記述し，実行する．これを図 9.1 のようなプロセスで行う．

9.1 問題解決の方法

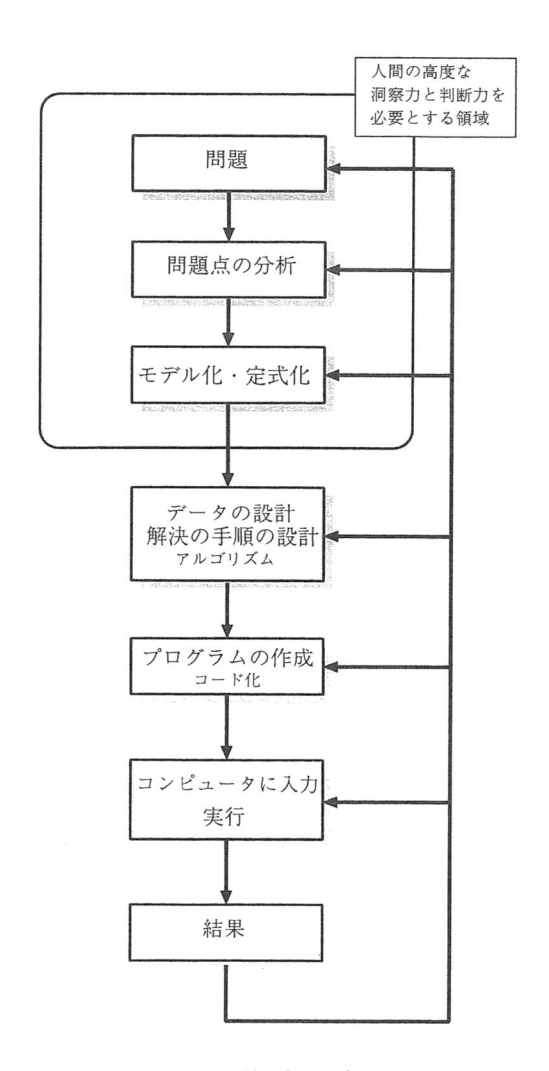

```
                        ┌─────────────┐
                        │ 人間の高度な │
                        │ 洞察力と判断力を│
                        │ 必要とする領域 │
                        └─────────────┘
   ┌───────→ [問題] ←──────────┐
   │            ↓              │
   │      [問題点の分析] ←──────┤
   │            ↓              │
   │      [モデル化・定式化] ←──┤
   │            ↓              │
   │   ┌─────────────────┐    │
   │   │  データの設計    │←───┤
   │   │  解決の手順の設計 │    │
   │   │   アルゴリズム   │    │
   │   └─────────────────┘    │
   │            ↓              │
   │     [プログラムの作成   ←──┤
   │       コード化]            │
   │            ↓              │
   │     [コンピュータに入力 ←──┘
   │       実行]
   │            ↓
   │         [結果]
   └────────────┘
```

図 **9.1** 問題解決のプロセス

9.2　問題の分析と定式化

- まず,問題を分析し,対象の問題をはっきりさせ,あるいは問題を限定し,問題の定式化を行う.
- 定式化が(人間に)できないような問題は,たとえスーパーコンピュータでも,またどんなに高度なソフトウェアでも扱えない.たとえば,"とてもおいしい料理を作る"とか"自然破壊を防止する"とか"人生相談に適切に回答する"という問題を,このまま無条件にコンピュータが扱えるように定式化することはできない.
- コンピュータで問題の解決を図るには,問題に含まれる多くの自由度をきちんとした形でモデル化し,以下のような事柄について記述する必要がある.これらが定まらない問題は扱えない.
    1. どのような情報(種類や形式,対象範囲)を入力として用いるか決める
    2. どのような処理結果が必要か,ゴールと出力を定める
    3. 問題をモデル化し記述する
    4. 例外や異常の扱いを決める
    5. (可能なら)問題を分割する

9.3　解決方法の設計

9.3.1　構造化設計

- 解決方法を設計するには,扱うデータを設計し,解決の手順を設計する.
- 大きな複雑な問題でも,いくつかの部分に分けて考えることで解決方法が設計しやすくなる.問題をいくつかの部分に分解し,さらに細か

い部分に分解して, 最終的に, 実行可能なプログラムレベルまで分割していくことを**段階的詳細化**という.
- 段階的詳細化を行って問題を解決する考え方を**構造化設計**といい, 重要な考え方である.
- これに対応してプログラムを作成することを**構造化プログラミング**という.

9.3.2 アルゴリズム

- 問題を解くための手順を**アルゴリズム** (algorithm, 算法, 解法) という.
- アルゴリズムは次の条件を満たさなければならない.
  1. **正当性** – 論理的に矛盾がなく正しい結果を導くこと
  2. **一意性** – 曖昧なところがなく, 詳細に厳密に定義されること
  3. **一般性** – 条件を満たす限りどのようなデータにも適用できること
  4. **有限性** – 有限なステップで終了すること

  この条件を満たせば, ある入力に対して, 誰が実行しても, 何回実行しても, 同じ結果を出力して終了する.
- 個々の処理は, 次の3つの方法で実行を制御される. これを**処理の基本3構造**という. 詳細は第11章で説明する.
  1. **順次** – 処理は, 基本的に書かれた順に (上から下へ) 実行される
  2. **選択** – 条件によって, 次の処理を選択する (分岐ともいう)
  3. **繰返し** – 回数または条件を与えて処理を繰り返す (反復ともいう)
- アルゴリズムの記述方法には次のようなものがある.
  - 図 – フローチャート, SPD, PAD, NSチャート など
  - 文 – 簡潔な日本語, 箇条書の簡易文 など

  プログラムの構造に着目した**設計図法**の例を図9.2に挙げる. 次に, アルゴリズムを箇条書文で記述する例を示す.

フローチャートは古くからよく使われてきたが, 処理の流れを記述するため, プログラムの構造が読み取り難い欠点がある.

フローチャートが処理の流れを示すのに対し, **構造化設計図法**は順次, 選択, 繰返しの基本構造に着目した図法である[†].

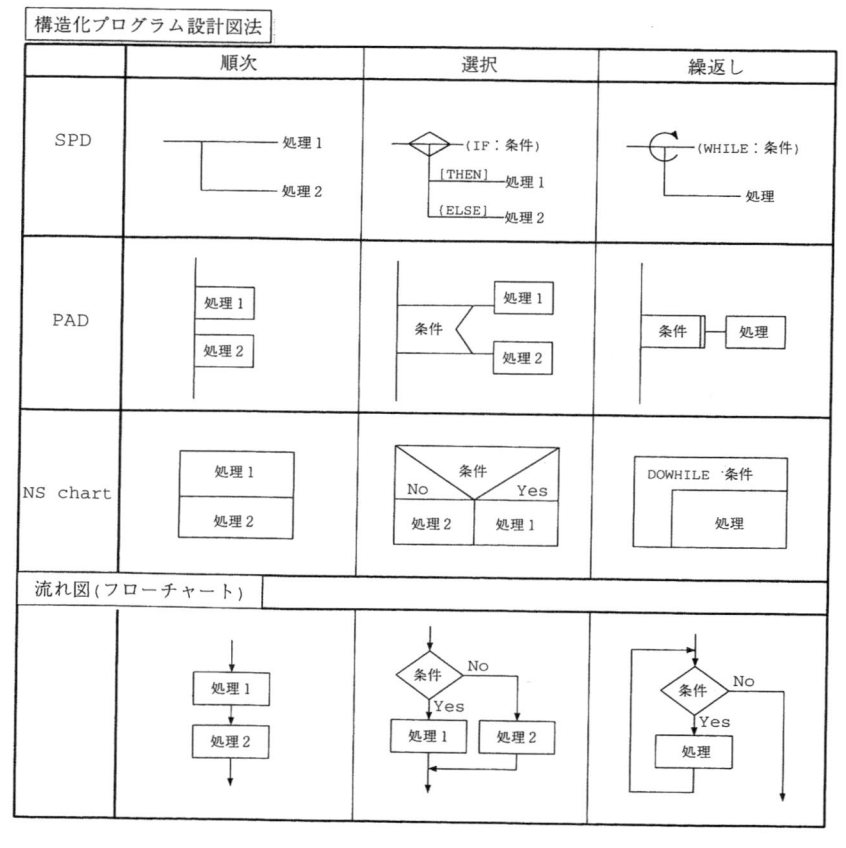

構造化プログラム設計図法	順次	選択	繰返し
SPD	処理1 / 処理2	(IF:条件) [THEN]処理1 [ELSE]処理2	(WHILE:条件) 処理
PAD	処理1 / 処理2	条件 < 処理1 / 処理2	条件 — 処理
NS chart	処理1 / 処理2	条件 No/Yes 処理2 処理1	DOWHILE 条件 / 処理
流れ図(フローチャート)	処理1 → 処理2	条件 No/Yes 処理1 処理2	条件 No/Yes 処理

図 **9.2** 構造化プログラム設計図法

[†] SPD:Structured Programming Diagram. by NEC. ISO 標準 (1989).
PAD:Problem Analysis Diagram by Hitachi(1980).
NS chart:Nassi & Shneiderman

9.3 解決方法の設計

アルゴリズムの例 (1)：ボールの入れ替え

図 9.3 のように箱 1(box1) と箱 2(box2) の 2 つの箱があり，箱 1 には赤いボール，箱 2 には青いボールが入っている．一度に一つの操作だけができるとして，2 つの箱の中身を交換する方法 (手順) を考える．

図 9.3　箱の中身の交換

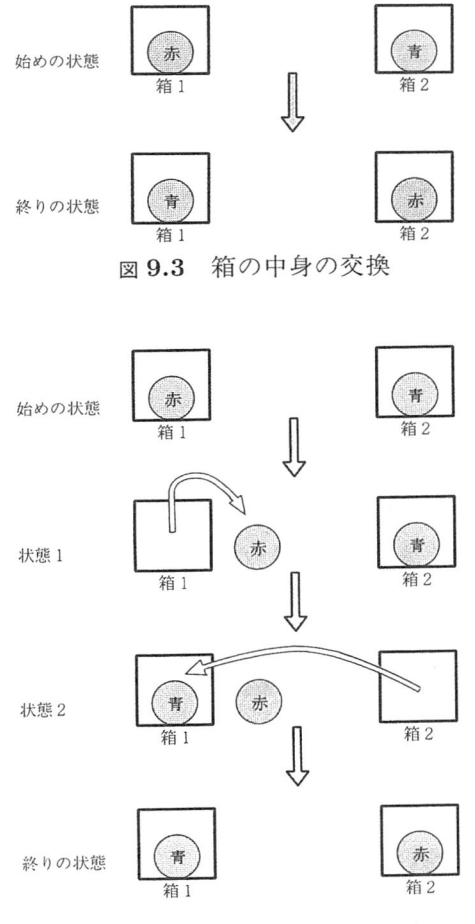

図 9.4　箱の中身の交換手順

図 9.4 のような考えが浮かぶと思う．この手順 (アルゴリズム) を，**箇条書き文で記述**する．
 1. 箱 1 の中身を取り出して机 (床) の上に置く (一時保管)
 2. 箱 2 の中身を箱 1 に移す
 3. 机 (床) の上に置いた箱 1 の中身を箱 2 に移す

この手順は，順次構造の 3 つの有限なステップからなり，各ステップは詳細に厳密に定義され，正しい結果を導いて終了する．

アルゴリズムの例 (2)：絶対値を求める

ある数の絶対値を求める．数値が正ならばそのまま，負ならばマイナス符号をつける．この手順を箇条書き文で記述すると，

 1. 数値を入力する
 2. 絶対値を求める
     2.1 <u>IF</u>(もし) 数値が正または零 <u>THEN</u>(ならば) その数値が絶対値
     2.2 <u>ELSE</u>(そうでないなら，つまり，数値が負ならば) −(数値) が絶対値
 3. 絶対値を出力

このアルゴリズムは，順次と選択 (<u>IF...THEN...ELSE</u>) の構造からなる．

アルゴリズムの例 (3)：カウントダウン

ある数字から始めて，零になるまでカウントダウンするアルゴリズムを箇条書き文で記述した例を示す．

 1. カウンタの初期値を決める
     1.1 (カウントダウンを開始する) 数値を入力
     1.2 カウンタに (入力した) 数値を設定する
 2. <u>WHILE</u> カウンタの値が正または零である限りは
     2.1 カウンタの値を出力
     2.2 カウンタの値を 1 だけ減らす
 3. カウントダウン終了のメッセージを出力

このアルゴリズムは，順次と繰返し (<u>WHILE</u>) の構造からなる．

アルゴリズムの例 (4)：ある一日の行動

ある一日の行動の例を箇条書き文で記述する．

1. 目を覚まして活動を開始する
    1.1 ベッドから起き上がる
    1.2 歯を磨く
    1.3 顔を洗う
    1.4 朝食をとる
2. 主な行動を選択する
    2.1 <u>IF</u>(もし) 映画を見に行く <u>THEN</u>(ならば)
        2.1.1 見たい映画を決める
        2.1.2 映画館を探す
        2.1.3 <u>IF</u> チケットを買うだけのお金がある <u>THEN</u> 映画を見る
        2.1.4 帰宅する
    2.2 <u>ELSE</u>(そうでなければ) ショッピングに行く
        2.2.1 買いたいものを決める
        2.2.2 <u>WHILE</u>(繰返す) 買いたいものがある限りは
            2.2.2.1 お店を見つける
            2.2.2.2 <u>IF</u> 買うだけのお金がある <u>THEN</u> 欲しいものを買う
        2.2.3 帰宅する
        2.2.4 <u>IF</u> 買ったものがある <u>THEN</u> しまう
3. 寝る

"ある一日の行動"という大きな問題を，順に部分に分けて，さらにまた分けていく段階的詳細化を行い記述している．ただし，この問題はさらに細部を厳密に定義する必要があり，さらに詳細化される．この中には，順次，選択 (<u>IF...THEN...ELSE</u>)，繰返し (<u>WHILE</u>) の構造が含まれている．

9.4　解決方法の実現

設計に基づいて解決方法を実現する仕事の流れは，およそ次のようになる．

- 解決方法を実現するためには，プログラムによって，コンピュータに処理手順を指示する．
- その問題と解決方法にあった既存のプログラムがあれば，それを入手し利用することができるし，もしなければ，あるいは合わない点があれば，プログラムの作成する．
- プログラムを作成する場合は，その問題に合った，あるいは，解決方法に適したプログラム言語を選択し，言語の仕様に従って記述する．
- 良いプログラムの条件として，次のことが挙げられる．
  1. アルゴリズムの条件を満たし，誤りなく記述すること
  2. わかりやすいこと，読みやすいこと
  3. 使いやすいこと
  4. 効率的なこと (CPU処理時間とメモリ使用量が少ないこと)
- プログラムに誤りがあれば，文法的なものは，言語処理プログラムのメッセージに従って修正する．また，アルゴリズムの誤りや論理的な誤りがあれば，実行時にエラーが表示されたり，実行しても正しい結果が得られないので，**テスト**を行う．少量のデータや，あらかじめ結果の分かったデータをテストデータとして用い，**検証**する．
  これらの誤りを見つけ修正することを，**デバッグ** (debug) という．
- このような一連の作業の中で，記録し文書を作成する**文書化** (documentation) を行う．文書があれば，プログラムを後でまた使ったり，他の人が使うことが可能である．
  文書には，要求仕様書，設計仕様書，作成仕様書，機能説明書，使用手引書などがある．これらの文書は**マニュアル** (manual) と呼ばれる．

また，記憶装置に格納されたオンラインマニュアル，ソフトウェアに対話的に組み込まれたヘルプ機能などもある．

□ コンピュータを使って仕事をしていく上で，いろいろな不具合や修正するとよい点が出てくることがあり，また，状況の変化に応じて変更が必要になる．そのような改良，修正を行っていくことを，**保守** (maintenance) という．保守を行うためにも，文書化が重要である．

演習問題

演習 9.1 あなたの日常の行動の一例について，手順を箇条書きで記述しなさい．ただし，アルゴリズムの条件を満たすように書きなさい．また，その中に，順次，選択，繰り返しの構造があるか示しなさい．

演習 9.2 定式化できない問題の例を挙げなさい．どの点が，なぜ，定式化できないか説明しなさい．

演習 9.3 以下の問題のどれかについて，(1) 問題の詳細な定義 (2) 入力と出力の設計 (3) アルゴリズム を書きなさい．アルゴリズムは，番号を付けた箇条書の簡易文で書きなさい．

   (a) 複利計算．元金，利率，年数を入力し，年毎の元利合計表を出力する．

   (b) 給料計算．一人ずつの，時給，勤務時間，交通費，税金の率から，一カ月分の支給明細を作成する．

   (c) 成績の集計．履修した科目全部について，取得単位数合計と平均点を求める．

   (d) アンケートの集計．いくつかのデータを入力し，その集計を出力する．

   (e) 家計簿や小遣い帳をつける．日・週・月の集計．

10
ソフトウェアの方法（2）
―データの設計と記述―

前章で,ソフトウェアがどのように作られるかについて,特に,コンピュータを使った問題解決の基本となる考え方と方法を学んだ.

解決方法を設計するには,扱うデータを設計し,解決の手順を設計する.

ここでは,扱う情報をどのようにデータとして定義し,プログラムで記述するかを示す.

10.1 データの設計

扱うデータを設計し,それに対するデータの流れを指示する処理過程を設計する.

1. まず,どのような種類の情報をどのような形式で,入力として用いるかを決める.入力の条件や範囲を定める.
2. 出力として,どのような情報が必要か,その種類と形式を定める.
3. 入力から出力に至る手順で,どのような順序でデータを操作し変換して新しい情報を生成するかという情報の流れ(処理過程)を設計する.
4. 処理過程で得られる途中結果など,扱う情報のすべてを,データとして定義し保持する.
5. 入力,出力,途中結果など,扱う情報のすべてについて,名前をつける.そして,データの形式,値の範囲を定める.

10.1 データの設計

> **情報処理の例 1**：アンケートの集計

コンピュータを用いて，アンケートの集計を行う．

1. 入力は，1件分の回答につき，10個の質問項目に対する5段階の評価 (正の整数, 1 ～ 5)．記入がない場合は，0 という値を設定する．
2. 出力は，項目ごとの，有効回答数 (正の整数)，5 段階の各評価の件数 (正の整数) とその割合 (正の実数, 0.0 ～ 100.0)，評価値の平均 (正の実数, 0.0 ～ 5.0)．
3. 1 件の回答の 1 項目分の評価を入力するごとに，その項目の有効回答数，評価別回答数をカウントアップする．
   また，評価値平均を求めるための評価値合計に評価値を加算する．これを項目数分 (10 回) 繰り返すことを，件数分について繰り返す．
4. 扱うデータは，1 件につき 10 個の 5 段階評価，項目別有効回答数 (10 個)，項目別評価のカウント (10×5=50 個)，項目別評価値平均 (10 個) とそれを求めるための評価値合計 (10 個) がある．
   評価値平均は評価値合計を有効回答数で割る．

> **情報処理の例 2**：名簿の管理

コンピュータを用いて，会員名簿を管理する．

1. 1 件分の情報として，会員番号 (文字列)，氏名 (文字列)，住所 (文字列)，電話番号 (文字列)，生年月日 (3 個の正の整数)，性別 (文字)，入会した年月日 (3 個の正の整数)，会費納入の有無 (論理値)，会合参加回数 (正の整数)，備考 (文字列) という項目を持つ．
2. 出力は，表示を要求した会員についての最新情報．
   集計情報として，現在の会員数 (正の整数)，会費納入者数 (正の整数) なども集計して出力する．
3. 処理には次のようなものがある．

   (a) 会員情報の更新 – 新会員 1 件分の追加，退会者 1 件分の削除，変

更項目の修正.
- (b) 検索 – 会員番号または氏名を入力するとその会員の情報を表示する. ある項目が指定された条件に合うものをすべて表示する.
- (c) 整列 (ソート) – 全員分の情報を, 番号順, 氏名の五十音順, 年齢順, 参加回数の多い順などの順に表示する.
- (d) 併合 (マージ) – いくつかの支部の名簿を合せて一つの名簿にし, 検索や整列を行う.
- (e) 集計, 分析 – 現在の会員数, 会員増加率, 会費納入者数, 平均参加回数などを集計し表示する.

10.2 変数と定数

□ これまでに学んだ, データに関することを復習すると,
  - ハードウェアでは主記憶上のデータの位置は, 番地 (アドレス) で指定する
  - プログラムでのデータの指定は, 番地または名前で指示する
  - 高級言語では, 扱うデータは名前をつけて管理する

□ プログラムで名前をつけて扱うデータには, プログラムの中で値の変らない**定数** (constant) と値の変りうる**変数** (variable) がある.

□ 定数は名前と値を決める.

□ 変数は**名前と型** (データの形式) を決める. 型によってとりうる**値**が異なる.
つまり, 整数と実数では, 2 進数の内部表現が異なり, 1 個のデータの占める記憶場所の大きさ (何バイト確保するか) も異なる. また, 文字と数値では, 同じ内部表現でも表しているものが異なるので, 区別して使う必要がある.

- プログラムは，処理手順にしたがって，対象のデータを操作する．一般にプログラムの実行に伴って変数の値は変化し，操作前の値は保持しない．

変数と値の例

"箱1に入っている3と書いたボールと箱2に入っている5と書いたボールを交換する"問題を例として考える．

この処理の入力は box1, box2 であり，出力は box1, box2 である．入換えのための一時保管場所として temp を使う．box1, box2, temp はすべて整数．プログラムの実行順序にしたがって，各変数の値が変化している．この様子を図 10.1 に示す．

10.3 データ型とデータ構造

1. **1個のデータの型**の代表的なものには，次のようなものがある．
    - 整数型 – *integer*
    - 実数型 (浮動小数点実数) – *real, floating*
    - 文字型 – *character*
    - 論理型 – *logical, Boolean*
2. いくつかのデータを扱う**データ構造**には，以下のようなものがある．
    (a) 同じ型のデータの集まり – 配列 *array*
        - 1次元データ列
            – 文字列, リスト, ベクトルデータ, ディジタル音声 など
        - 多次元データ
            – 表, 行列, ディジタル画像 など
    (b) いろいろな型のデータの集まり

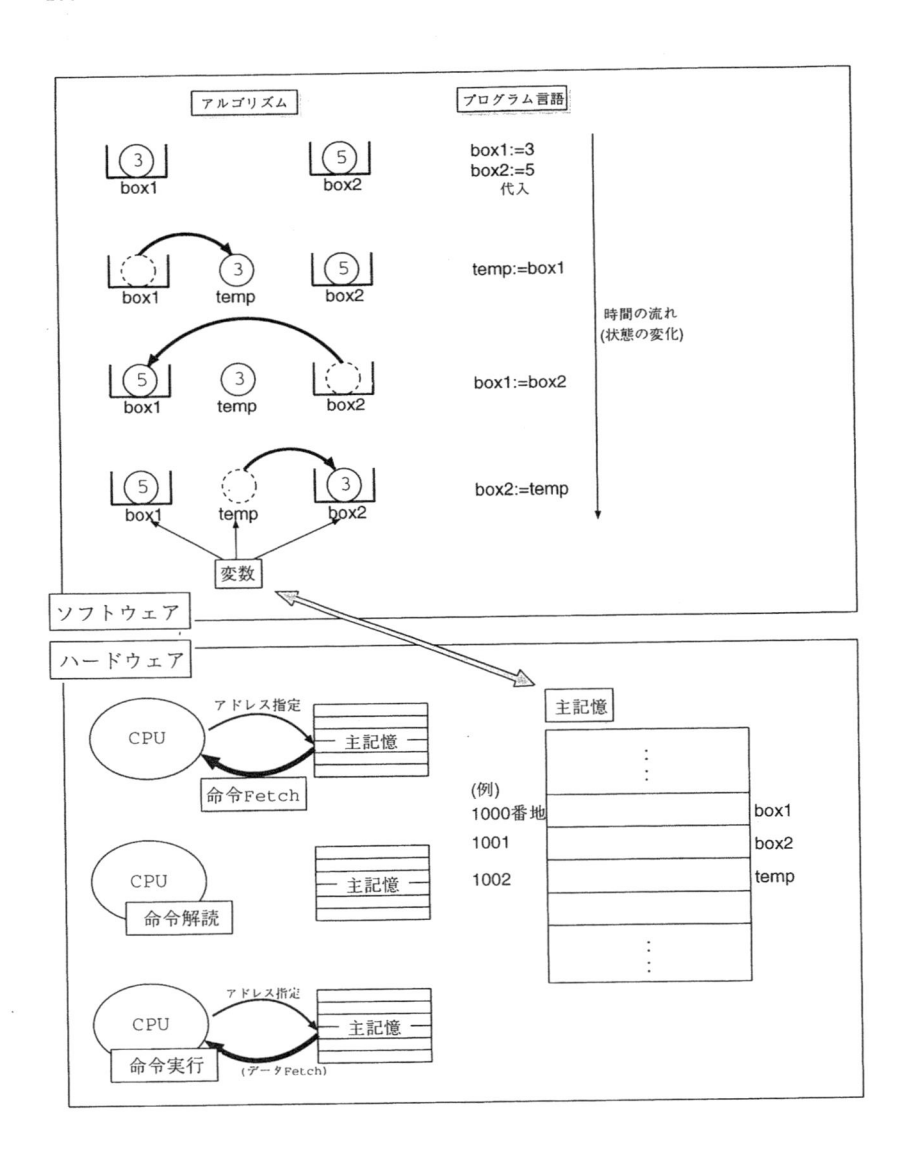

106   10 ソフトウェアの方法 (2) – データの設計と記述

図 10.1 変数とデータの型

10.4 ファイルとデータベース

- □ 一件分の情報 – レコード
- □ 参照関係のあるデータの集合体 – ツリー,グラフなど

10.4 ファイルとデータベース

(1) ファイル

- □ コンピュータでは,関係のある情報の集まりに名前をつけて**ファイル** (file) として扱う.
- □ ファイルは,規則に従って編成されている.
- □ ファイルの内容や情報表現法によって,プログラムファイル,データファイル,レコードファイル,テキスト (可読文字) ファイル,バイナリファイルなどがある.
- □ ファイルの編成方法によって,参照方法や利用媒体が異なる.参照方法には,順次アクセス,直接アクセス,索引付きアクセスなどがある.
- □ 人事情報のファイルの例を図 10.2 に示す.一人分のデータを**レコード**,各項目のデータを**フィールド** (欄) として扱っている.

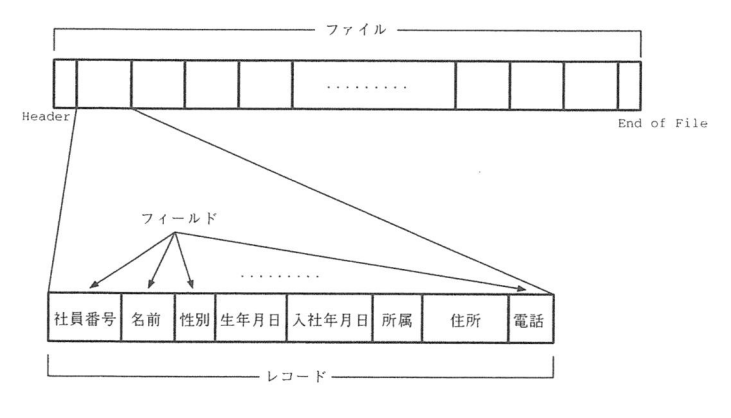

図 **10.2** 人事ファイルの例

(2) データベース

- いくつもの関係のあるファイルを集めて，統合して利用できるようにしたものを**データベース** (database) という．
- データベースは，単にたくさんのデータやいくつかのファイルを集めたものではなく，データを相互に関連付け統合したもので，大量のデータを効率良く扱えるとともに，応用プログラムとは独立に多目的に扱えるようにしたものである．
- これを扱うためのソフトウェアを**データベース管理システム** (DBMS, Data Base Management System) という．
- データの集合体と DBMS をあわせて**データベースシステム**という．
- 今日の情報システムでは，データベースは大変重要なものであり，より有効な方式の研究がされている．

様々な情報は，**電子メディア情報**にすることで，コンピュータで蓄積し，処理することができようになる．電子メディアは，紙に書かれた印刷物などに比べ，同じ量を小さい媒体に置くことができる．また，いったんコンピュータで扱える形になったものは，コンピュータの特質を活かした処理，すなわち，大量のデータを正確に高速に処理すること，適宜取り出して再利用することが可能となり，さらに新しい価値を生む．

演習問題

演習 10.1 大学，会社，店舗，官庁などで使われる情報の例をあげ，
  (1) どんな項目があるか考えて書きなさい．
  (2) その情報に対してどのような処理が行われるか，その結果，何が得られるかを書きなさい．

演習 10.2 データ型とデータ構造には，どのようなものがあるか挙げ，それぞれの具体例とその値を書きなさい．

10.4 ファイルとデータベース

例：実数型 (real) 体温 36.5

演習 10.3 [演習 9.3] で扱った以下の問題のどれかについて, (1) 入力する情報をすべてあげ, それを扱うための変数の名前 (英数字) と型, 値の例を書きなさい. (2) 計算結果など, 使うデータをすべてあげ, その変数の名前と型を書きなさい.

(a) 複利計算. 元金, 利率, 年数を入力し, 年毎の元利合計表を出力する.

(b) 給料計算. 一人ずつの, 時給, 勤務時間, 交通費, 税金の率から, 一カ月分の支給明細を作成する.

(c) 成績の集計. 履修した科目全部について, 取得単位数合計と平均点を求める.

(d) アンケートの集計. いくつかのデータを入力し, その集計を出力する.

(e) 家計簿や小遣い帳をつける. 日・週・月の集計.

11

ソフトウェアの方法（3）

—処理手順の設計と記述—

　コンピュータを使って問題解決を行うためには，解決方法の設計，すなわち，扱うデータの設計と解決方法の手順の設計を行って，それに基づいてソフトウェアを作成する．

　この章では，データとして定義された情報をどのように処理するかを設計し，処理の方法と手順をプログラムで記述するための基本となる考え方と方法を示す．

11.1　処理手順の設計

前章までに学んだことを復習すると，
- 問題をいくつかの部分に分解し，更に細かい部分に分解し，最終的に実行可能なプログラムレベルまで分割していくことを**段階的詳細化**という．
- 段階的詳細化を行って問題を解決する考え方を**構造化設計**といい，重要な考え方である．
- これに対応してプログラムを作成することを**構造化プログラミング**という．
- 問題を解くための手順を，**アルゴリズム** (algorithm，算法，解法) といい，アルゴリズムは，厳密で，詳細な，正しい，有限のステップで記述

する．
- □ 個々の処理は，3つの方法 (**処理の基本 3 構造**) で制御される．

構造化設計の手順を見ていこう．
1. 構造化設計では，まず，問題を分割し，全体の構成を設計する．
2. 次に各部分の機能を設計する．各部分を**モジュール**といい，

    - □ モジュールに持たせる機能
    - □ モジュールに対して与えるデータ
    - □ モジュールが出力するデータ

    を設計する．この段階では，モジュールを外から見た機能とインタフェースの設計が必要だが，機能をどのように実現するかは決めなくてよい．

    いくつかのモジュールが順に実行されて一つの仕事をするとき，必要な情報が受け渡されること，かつ，モジュール間で受け渡すデータの数や種類，型の整合が取れていることが必要である．

3. 各モジュールの設計を行う．

    - □ ここで，必要ならさらに部分に分割し，機能を分担させ，一つのモジュールはなるべく一つの機能を持つようにする
    - □ **構造化プログラミング**では，モジュールを，**副プログラム，関数，手続き，ルーチン，サブルーチン**として設計する
    - □ 機能を実現するアルゴリズムを決める

このように，プログラムの機能を分割し部分プログラムとして独立させると，モジュールごとに設計，プログラム作成，テスト，デバッグ，保守を行うことができ，大規模な開発はもちろん個人で作るプログラムでも開発効率が良い．また，モジュールを一般化し部品化することで，再利用したり共通パッケージとして使うことができるという利点がある．

11.2 処理の記述

11.2.1 処理の基本要素

□ 設計に基づいて，処理手順を**文**として記述する．
□ 段階的詳細化によって，処理は最も細かいステップにまで分解されている．

　どんな高度で複雑な処理も，コンピュータで実行する以上，CPU で解読することができ，回路での演算を指示する機械語命令のレベルまで分解できなければならない．

□ 高級言語で記述する処理の最も詳細なレベルは，変数に対する操作である．これを**処理の基本要素**といい，次に示すものがある．これを使って個々の処理を文として記述する．

1. **入力** – 変数に値を読み込む
2. **出力** – 変数の値を表示や印刷する
3. **代入** – 変数に値を与える
4. **参照** – 変数の値を使うこと
5. **演算 (式)**
   (a) **算術演算** – 加算, 減算, 乗算, 除算, 整数の除算と余り など. 対象は数値.
   (b) **関係演算** – 等しい, 等しくない, 大きい, 小さい, 以上, 以下. 対象は論理値, 数値, 文字, 文字列.
   (c) **論理演算** – 論理積, 論理和, 論理否定. 対象は論理値.

11.2.2 処理の制御

処理の実行順序を制御する方法には，次のようなものがある．

(1) 処理の基本 3 構造

1. **順次**
   - 文を書いてある順に上から下に順次実行する (これが基本)

2. **選択 (分岐)**
   - 条件により,処理を選択する
   - **もし** (条件が真) **ならば** (文) を実行する
   - **もし** (条件が真) **ならば** (文 1) を,**そうでないならば** (文 2) を実行する
   - 2 分岐を組合わせると多分岐の構造になる

3. **繰返し (反復)**
   - 何回, (文) を繰返し実行する
   - **～ から ～ まで**, (文) を繰返し実行する
   - (条件が真) **である間**, (文) を繰返し実行する
   - (条件が真) **となるまで**, (文) を繰返し実行する

   上の 2 つは回数のわかった繰返し,下 2 つは実行してみてわかる繰返しの構造である.

(2) モジュールの呼び出し

- 構造化プログラミングでは,処理を部分に分割して独立させている.
- 全体の構成に対応するのが,**主プログラム** (main program) で,最も上位に位置する.
- 下位モジュールは,上位モジュールで名前を指定して呼び出され,そこでプログラムの制御が下位モジュールに移る.下位モジュールの実行が終わると,制御が上位モジュールに返される.
- モジュールを呼び出すときは,モジュールの名前を指定するとともに,受け渡すデータを指定する.

□ 複数のモジュールが互いに，直接，間接に呼び出されることもあるし，あるモジュールがそれ自身を呼び出して再帰処理を行うこともある．

11.2.3 処理の記述の例

例 1 円周と面積の計算

問題定義

□ 円の半径を入力し，円周と面積を求める

□ 例外処理は行わない

□ 入力：円の半径

□ 出力：円周，面積

□ 停止条件：一度処理して終了

データ 半径 (R 実数) 円周 (L 実数) 面積 (A 実数) 円周率 (定数 Pi=3.14)

アルゴリズム

1. 半径 R の値を入力する
2. 計算する
    2.1 周長 L に $2 \times Pi \times R$ の演算結果を代入
    2.2 面積 A に $Pi \times R^2$ の演算結果を代入
3. R, L, A を出力

例 2 二数の最大

問題定義

□ 2 つの数を入力し，その大きいほうを求める

□ 例外処理は行わない

□ 入力：2 つの数

□ 出力：大きいほうの数

□ 停止条件：一度処理して終了

データ　2つの数 (A,B 実数) 大きいほうの数 (MAX 実数)

アルゴリズム

1. 2数の値 A, B を入力する
2. 大きいほうを求める
    2.1 <u>IF</u>(もし) A が B より大きい <u>THEN</u>(ならば) 大きいほうの数 MAX に A を代入
    2.2 <u>ELSE</u>(そうでないならば) 大きいほうの数 MAX に B を代入
3. A, B, MAX を出力

例3　データの総和

問題定義

- 10個の数を入力して，その総和を求める
- 例外処理は行わない
- 入力：10個の数値
- 出力：10個の数値とその総和
- 停止条件：10個のデータを処理し総和を出力することを一度処理して終了

データ　数値 (X 実数) 総和 (S 実数)

アルゴリズム

1. 総和 S に初期値 0 を代入する
2. <u>FOR</u> 10 回 処理を繰返し実行する
    2.1 数値 X の値を入力する
    2.2 数値 X の値を出力する (確認のため)
    2.2 総和 S に 数値 X を加算する
3. 総和 S を出力

例4　買い物のレシート

問題定義

- 買物したいくつかの商品の価格を入力し，その総合計を求める．

- 入力：いくつかの商品価格
- 出力：項番, 商品価格, 総合計
- 停止条件：商品価格 0 円で入力終了

データ

1. カウンタ (counter 整数)
2. 総合計 (total 整数)
3. 商品価格 (price 整数)

アルゴリズム

1. 変数に初期値を代入
   1.1 (商品の数を数える) カウンタに 0 を代入する
   1.2 総合計に 0 を代入する
2. 商品の処理
   2.1 最初の商品の価格 price を入力
   2.2 <u>WHILE</u> 商品価格 price の入力がある間は (price が 0 でない限り)
       2.2.1 カウンタ counter の値を 1 増やす (1 を加算)
       2.2.2 カウンタ counter の値 (=項番) を出力 (印刷)
       2.2.3 商品価格 price を出力 (印刷)
       2.2.4 これまでの総合計 total に商品価格 price を加算
       2.2.5 次の商品価格 price を入力
3. 総合計を出力する

プログラム言語の例 (Pascal)

```
program Kaimono(input,output);
  var counter, price, total: integer;
  begin
    counter:=0;
    total:=0;
    write('商品価格を入れて下さい：');readln(price);
    while price <> 0 do
      begin
```

11.2 処理の記述

```
            counter:=counter+1;
            write('項番', counter);
            write('価格', price);
            total:=total+price;
            write('商品価格を入れて下さい：');readln(price)
         end;
      writeln('合計', total, '円')
   end.
```

入力と出力の例　下線は入力値

商品価格を入れて下さい：<u>1200</u>
項番 1 価格 1200
商品価格を入れて下さい：<u>850</u>
項番 2 価格 850
商品価格を入れて下さい：<u>3200</u>
項番 3 価格 3200
商品価格を入れて下さい：<u>0</u>
合計 5250 円

例 5　整列 (ソート)

問題定義

- □　いくつかの数値を入力し, 降順 (大きい順) に並べ換えて出力する
- □　入力：データの個数, 個数分の数値
- □　出力：大きい順に並んだ数値
- □　停止条件：指定された個数について並べ換えが完了したら終了

データ

1. データの個数 (kosu 整数)
2. 数値データの配列 (data 整数)
3. データ入換えのための一時保管場所 (temp 整数)

4. いま何番目かという番号 (bango 整数)
5. 最大値を見つけるために比較する相手の番号 (aite 整数)
6. 最大値 (max 整数)
7. 最大値の番号 (maxban 整数)

アルゴリズム ソートのアルゴリズムには，よく知られているものがいくつかあるが，ここでは，最も単純で分かりやすい直接選択法を用いる．

これは，データの中の最大値を見つけては，それを順番になるよう入換える方法で，まず，全部の中の最大値を見つけ 1 番のデータとし，残りの中の最大値を 2 番とし，これを最後の 1 個まで繰返すことで，大きい順に並べかえる方法である．

1. 入力
    1.1 データの個数 kosu を入力する
    1.2 FOR kosu 回 (bango が 1 から kosu まで) 繰返し実行する
        1.2.1 bango 番のデータ data[bango] を入力する
2. FOR bango が 1 から (kosu-1) まで「最大値を見つけ入換える」処理を繰返す
    2.1 最大値の初期値を設定する
        2.2.1 最大値の番号 maxban に 番号 bango を代入
        2.2.1 最大値 max に bango 番のデータ data[bango] を代入
    2.2 FOR aite が (bango+1) から kosu まで「最大値より大きければ入換える」という処理を繰返す
        2.2.1 IF aite 番のデータ data[aite] が，最大値 max より大きい THEN
            2.2.1.1 最大値の番号 maxban に 比較した相手の番号 aite の値を代入
            2.2.1.2 最大値 max に aite 番のデータ data[aite] の値を代入
    2.3 見つけた最大値を正しい場所に入換える
        2.2.3 maxban 番のデータ data[maxban] に banbo 番のデータ data[bango] を代入 (最大値を入れる場所のデータ data[bango] を maxban 番の位置に退避させる)
        2.2.4 bango 番のデータ data[bango] に 見つけた最大値 max を代入
3. 出力
    3.1 FOR kosu 回 (bango が 1 から kosu まで) 繰返し実行する
        3.1.1 bango 番のデータ data[bango] を出力する

データの動き

データの個数 kosu=10 として，次のような入力で考える．

| 13 | 34 | 86 | 92 | 55 | 26 | 97 | 73 | 68 | 41 |

1回目に 2.2.1 のステップに来た時の各変数の値は，次のようになる．

bango	maxban	max	aite	data[aite]
1	1	13	2	34

ここで，data[aite](=34) は，これまでの最大値 max(=13) より大きいから，2.2.1.1 と 2.2.1.2 の処理が選択され，この時点の最大値の番号 maxban は，2 になり，最大値 max は，34 になる．

このようにして 2.2 の処理が 9 回実行されて完了すると，maxban は 7 になり，max は 97 になる．

2.3 の処理で，data[maxban] すなわち，7 番目のデータに data[bango] の 13 が代入され，data[bango] すなわち 1 番に，max の値 97 が代入され，最大値が 1 番目に来る．

これで，2. の処理が 1 回完了したことになり，このときのデータの並びは，次のようになる．

| **97** | 34 | 86 | 92 | 55 | 26 | **13** | 73 | 68 | 41 |

2 回目の 2. の処理は，bango が 2 について行われ，これと 3 ～ 10 番のデータとを順次比べて，最大値を求め，2 番目のデータと入換える．以下，2. の処理が，10 までについて繰返し実行され，すべてのデータが順に並び，次のようになる．

| 97 | 92 | 86 | 73 | 68 | 55 | 41 | 34 | 26 | 13 |

11.3 ソフトウェア開発の方法

「9.1 問題解決の方法」および「9.4 開発方法の実現」で示したように，コンピュータを使って問題解決を行うためには，次のようなステップがある．

1. 問題の分析と定式化
2. 解決方法の設計
3. 解決方法の実現
4. テストと検証
5. 文書化, 保守

このソフトウェア開発の過程は, 図 11.1 のようなプロセスで行われる.

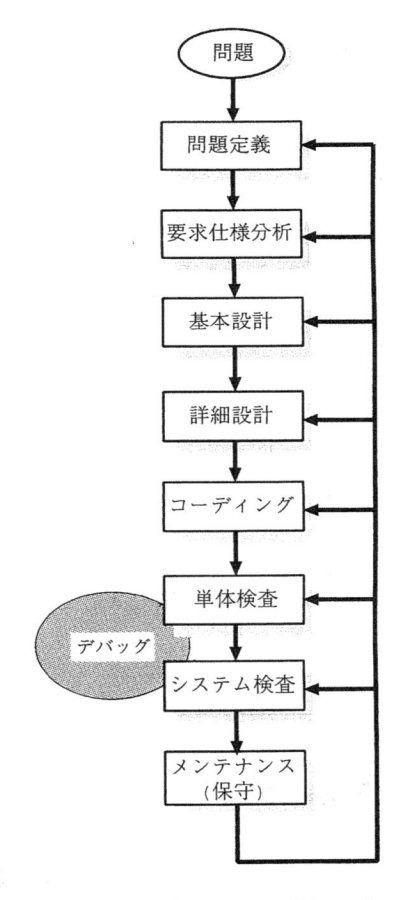

図 **11.1** ソフトウェア開発のプロセス

11.3 ソフトウェア開発の方法

また，プログラムを開発する手順は，図 11.2 のようになる．

プログラム開発のためのソフトウェア (**開発ツール**) の基本的なものとして, (プログラム) ファイルを作成編集するための**エディタ**，プログラムを翻訳して機械語のプログラムにする**コンパイラ**，機械語のプログラムを連結編集して実行プログラムにする**リンカ**，実行プログラムに必要な修正を行って主記憶に送る**ローダ**，デバッグ支援用の**デバッガ**などがある．

これらのツールを組み込んで，対話的なグラフィカルユーザインタフェース (GUI) を備えた**統合環境**も用いられている．また，より実践的な，設計支援環境，開発支援環境などが研究開発されている．

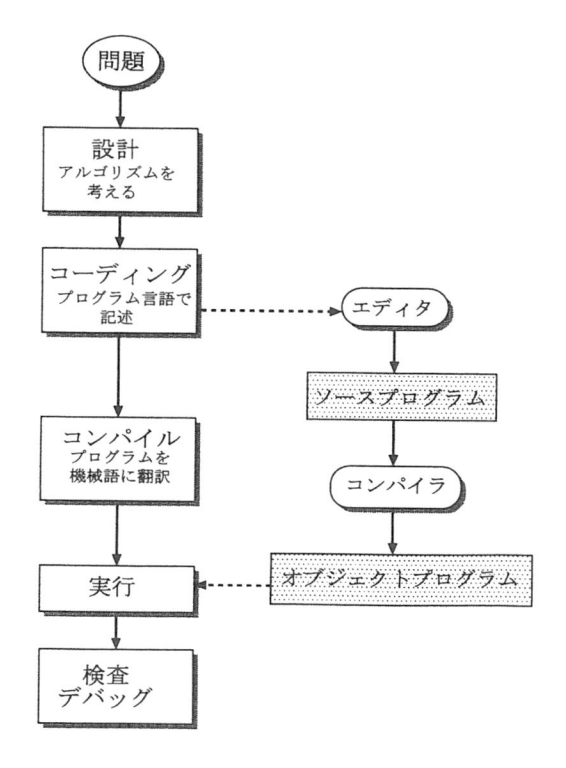

図 11.2 ソフトウェア開発の手順

演習問題

演習 11.1 例のような書き方で，次の処理について (1) 問題定義 (2) データ (3) アルゴリズム を記述しなさい．

(a) 3 つの数の一番大きいものを出力する．

(b) 最小値．いくつかのデータを入力し，最小値を見つけ出力する．

(c) 平均値．10 個のデータを入力し，データと平均値を出力する．

(d) 点数の集計．何人かの試験の点数を入力し，全体の人数，合格者数 (60 点以上の人数)，不合格者数 (60 点未満の人数)，合格者の点数平均 を出力する．

(e) 複利計算．元金，利率，年数を入力し，その年まで毎年の元利合計を出力．

演習 11.2 直接選択法の例で説明した実行時のデータの動きを，途中もすべて書き，説明しなさい．

演習 11.3 以下のことを説明しなさい．

段階的詳細化, 構造化設計, アルゴリズム, 処理の基本要素, 処理の基本 3 構造, データの設計, 変数と定数, データ型, データ構造, ファイル, データベース, モジュール, テストと検証, デバッグ, 文書化, 保守

12

コンピュータとネットワークの利用

コンピュータを使って情報を扱うための基礎として,
- コンピュータと情報に関係する基本的な名称や用語
- コンピュータの構造や原理
- コンピュータ内部での情報の表現
- コンピュータを用いた問題解決の方法, 特にソフトウェアの方法

について, これまで学んできた.

この章では, より実際的なコンピュータの利用形態とコンピュータネットワークについてやや詳しく解説し, 最近の情報環境の情勢にも触れる.

12.1 コンピュータの利用形態

利用者がコンピュータを利用する形態は, 大きく分けて, 次のようなものがある.

(1) **会話型処理**: 利用者からのステップごとの指示とそれに対する応答を, 会話的に交互にやり取りして処理を行う. プログラム開発や文書作成などの処理に用いられている.

    1. **単独利用 (stand alone)**: 一人あるいは一つの業務で, 一台のコンピュータを占有して使う. パーソナルコンピュータの利用など.

2. **マルチユーザシステム**：複数の利用者で，一台または多数のコンピュータを共同して利用する．OS は，利用者を識別しファイル使用権などを設定する．
3. **マルチウィンドウシステム**：一台のディスプレイ上に，複数のサブ画面 (**ウィンドウ** window) を表示し，それぞれで別個の処理を行う．利用者は，一台または複数のコンピュータを同時に使って複数の仕事を行うことができる．

(2) **トランザクション処理**：処理要求が発生すると，その都度受付けて個別に順次処理する方法．取引き (transaction) や座席予約などの形態．

(3) **バッチ処理**：入力を一定期間蓄積しては，一括して処理する方法．規模が大きく即時性を要求されない定型業務などに利用される．遠隔地からの入力を通信回線経由で蓄積し，処理する形式をリモートバッチ処理という．

(4) **リアルタイム処理**：センサや機器に直結あるいは組み込まれて，機器の制御を行う形態．

□ 1950 年代半ばから 1960 年代半ばにかけての初期のシステムは，コンピュータの処理速度や処理の順序に合わせて，利用要求を蓄積して順に処理していく (人間が待たされる) バッチ処理が主流だった．
しかし，1960 年代半ばに開発された OS の **TSS**(Time Sharing System, 時分割多重処理) 機能によって，多数の利用者が遠隔地の端末から通信回線を介して計算機センターのコンピュータを共同利用できるようになり，トランザクション処理や会話型処理が可能になった．
コンピュータの処理速度が十分速くなり，利用者はコンピュータを占有しているのと同様に，リアルタイム (と感じられる速度) の応答が得られるようになった．

□ 1960 年代後半になると，いつでもどこからでも利用できるコンピュータの利用形態が望まれるようになり，コンピュータを相互に通信回線

で結んでコンピュータシステムのネットワーク化が行われるようになった.

ワークステーションやパーソナルコンピュータの性能向上とネットワーク化によって,コンピュータシステムは大型機を中心とした集中処理システムからワークステーションやパーソナルコンピュータを利用した分散システムに移行した.

- 最近は,多くのコンピュータをネットワークで接続し,そのハードウェア,ソフトウェア,情報を共有し,協調して作業を行う**分散システム**の考え方が主流であり,分散システム上のマルチユーザ,マルチウィンドウシステムがよく利用されている.

12.2 コンピュータネットワーク

12.2.1 コンピュータネットワークの歴史

コンピュータネットワークの発展の経緯は,以下のようなものである.

- 1960年代後半からコンピュータシステムのネットワーク化が行われるようになった.
- 1970年代には,ネットワークの機能の増大とともにコンピュータや端末を接続するための約束事である**プロトコル**(通信規約)が複雑になり,接続に支障をきたすようになった.

  このため,通信プロトコルを階層化してプロトコル体系を整備しようとする考えが生まれ,いろいろなプロトコル体系が発表されたが,異なるプロトコル体系の相互接続は困難を極めた.

- ISO(国際標準化機構)は1978年よりプロトコル体系の国際標準化を図る活動を開始し,1984年に7階層からなる**OSI(開放型システム間相互接続) 参照モデル**を制定し,仕様の詳細化に取り組んだ.
- 1980年代後半になるとオフィス内では次第にデスクトップ型のコンピュータ機器が増加し,これを相互に接続する**LAN(Local Area**

Network) が普及した.

また，電気通信事業者が提供する専用回線によって，LAN を相互接続して広域のネットワークを構成するようになり，広域にわたる資源の共有化が図られた．この広域のネットワークを **WAN(Wide Area Network)** と呼ぶ．

☐ 通信回線は，もともと音声をアナログ信号で伝達する電話のために作られたが，コンピュータは '0' と '1' のディジタル信号を伝達する．そこでネットワークの通信回線は，まず中継回線がディジタル化されるようになり，さらに **ISDN(サービス総合ディジタル通信網)** により，加入者回線のディジタル化も進められ，ディジタル信号の伝達に適したものに変わりつつある．

☐ 1990 年代になるとマイクロプロセッサや LSI メモリをはじめとする電子部品の進歩により，ユーザインタフェースが向上し，文字だけでなく，音声や画像などの**マルチメディア情報**を扱えるようになった．そのため，さらに高速大容量のデータ転送が必要になり，高速の LAN や高速ディジタル回線が提供され，ネットワークの高度化，広域化が進展している．

☐ また，1990 年代には，**インターネット (Internet)** が急速に発展している．インターネットは，**TCP/IP** と呼ばれる通信プロトコルを用いている．

1960 年代の終りに米国の国防総省の DARPA(国防高等研究計画局) によって，実験的なネットワーク ARPANET が構築され，異機種のコンピュータの相互接続方式と，信頼性の高いネットワーク技術やデータ通信技術を研究するために，米国内の大学や研究所で利用された．これがインターネットの元となり，この研究過程で TCP/IP の原形が開発された．

☐ インターネットの発展により TCP/IP がオープンネットワークの事実上の標準 (de facto standard) プロトコルとなり，OSI 標準プロトコ

ルは本格的な普及には至らなかったが，OSI 参照モデルは，さまざまな通信プロトコルや仕様などの枠組みを理解する上で主要な概念モデルになった．

このように，コンピュータを相互に接続してネットワーク化する目的として
1. プログラム，データおよび装置などの情報資源や機器を共有化する
2. 遠隔地からの情報資源の利用を可能にし，距離の問題をなくす
3. 情報資源を複数持つことにより，コンピュータシステムの信頼性を向上させる
4. **ファイルサーバ**や**クライアント/サーバ・モデル**によって，共有する情報資源を多くのコンピュータから利用してコストの低減を図る

などが挙げられる．

12.2.2　通信の基礎知識

コンピュータによるデータ処理の技術と電気通信の技術が融合して，離れた場所にあるコンピュータを通信回線で相互に接続して，データをやり取りしようという考えが，**データ通信**のはじまりである．

(1) 電気信号によるデータの伝送

- □ コンピュータ間を相互に接続し，'1' と '0' のデータを相手に伝える伝送形式には**並列 (パラレル) 伝送**と**直列 (シリアル) 伝送**がある (図 12.1)．
- □ LAN や WAN のほとんどは，データを 1 ビットずつ順番に一定の時間間隔で送る直列伝送が使われる．
　機器間の距離が近いコンピュータと周辺機器の間は，データの各ビットを同時に送る並列伝送が使われることが多い．

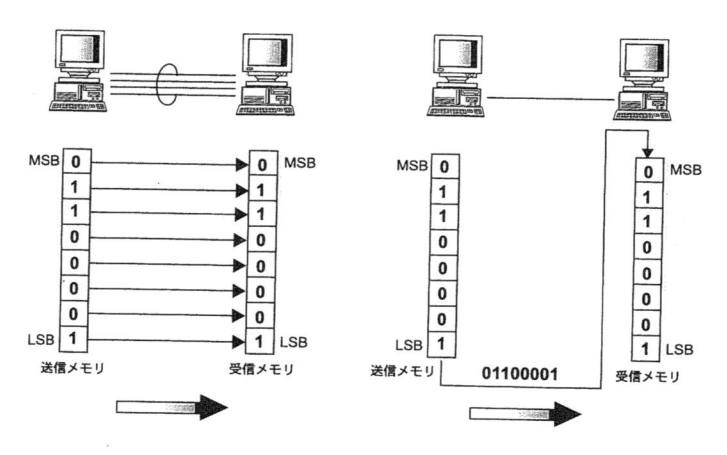

図 12.1　並列伝送と直列伝送

(2) 信号の表し方

- □　電気信号を媒体として情報を伝送するには，電圧や電流などの観測可能な物理量を，時間とともに変化させる．

- □　たとえば，電話では空気の振動として伝わる音を，電圧の変化として電気信号に変え相手に伝える．大きな音の部分は電圧の振幅が大きく，高い音では電圧の変化が細かく周波数が高くなる（図 12.2 参照）．

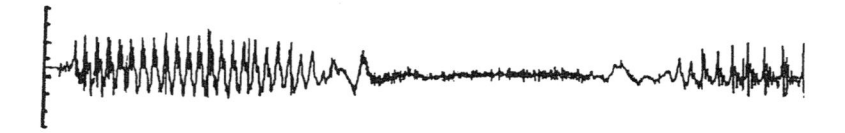

図 12.2　音声の波形の例（"あさ"/asa/）

- □　情報を伝える信号の形態には，**アナログ信号**と**ディジタル信号**がある（図 12.3）．

12.2 コンピュータネットワーク

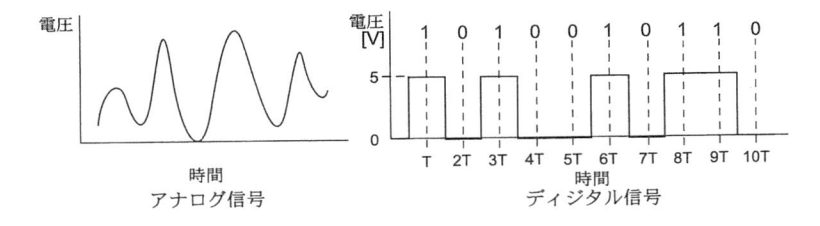

図 12.3 アナログ信号とディジタル信号

- □ アナログ信号は，振幅と時間が連続的に変化する信号で，連続的に変化する信号成分に情報を乗せて伝送する．このため，信号の波形を忠実に伝送することが必要になる．

- □ ディジタル信号は，信号が一定のレベル以上あるかないかの離散的な値を，情報として伝達する．一般に，ディジタル信号は'1'と'0'の2値で表わされる[†]．

  信号を一定の時間ごとに区切って，それぞれの時点で，電圧などの信号のレベルが基準値を越えていれば'1'，それ以下ならば'0'とする．

- □ アナログ信号は，情報を信号の波形として伝送するため，波形を忠実に伝送する必要があるが，ディジタル信号は，信号のレベルで情報を伝達するため，信号の伝送・中継時に，信号のレベルの判定に影響しない範囲の雑音が加わっても，正しく信号を再生することができる (図 12.4 参照)．

[†] 2値だけでなく信号のレベルを複数段階に分けた多値のディジタル信号もある．

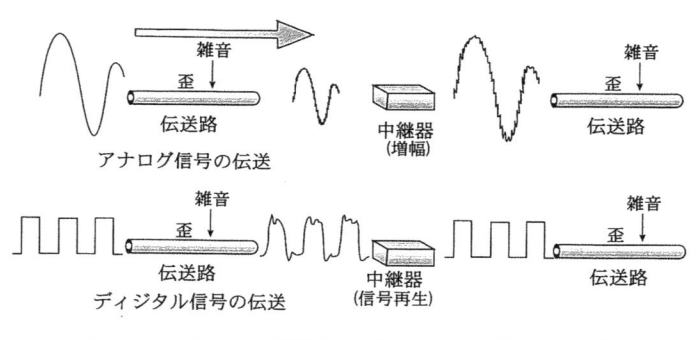

図 12.4　アナログ信号とディジタル信号の伝送

- □　1秒間に伝送できるデータのビット数を**伝送速度(ビットレート)**と呼ぶ．単位はビット/秒または bps(bit per second).

(3) **データの種類と特性**

- □　ディジタル通信の回線は，コンピュータのデータを転送するだけでなく，従来アナログ信号で伝送していた音声や画像もディジタル化して転送することができる．また，テレビなどの動画もディジタル化して転送する時代に入った．

- □　音声のアナログ信号は，図12.5のようにディジタル信号に変換してディジタル回線で転送される．このようなディジタル化方式を**PCM(Pulse Code Modulation:パルス符号変調)**と呼ぶ．

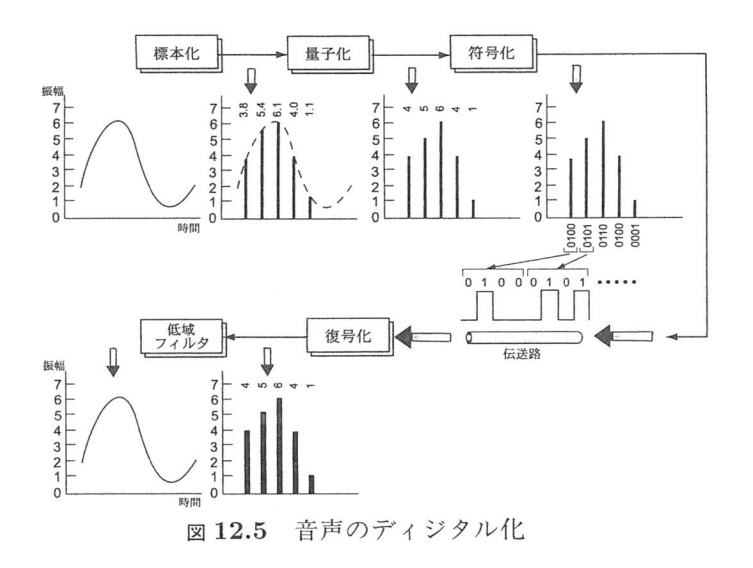

12.2 コンピュータネットワーク

図 12.5 音声のディジタル化

□ アナログ信号のディジタル化は，以下の手順で行う．

1. **標本化**(サンプリング)　アナログ信号を，時間軸の一定間隔ごとにサンプリングし，各時点の振幅値を求める．アナログ信号の波形に含まれる最高周波数の 2 倍以上の周波数で標本化を行えば，元の信号の波形は完全に再現できる (**シャノンの標本化定理**)．

2. **量子化**　標本化された振幅値を，ある定まった段階に近似して数値化する．電話音声は 8 ビットで量子化 ($2^8 = 256$ 段階) している．[†]

3. **符号化**　量子化された値を，2 進数で符号化する．

[†] もともと，電話システムは，$0.3 \sim 3.4$kHz の周波数の音声をアナログ信号で伝送するように設計された．電話音声の最高周波数が約 4kHz であるから 2 倍の 8kHz (時間に直すと 125μs) でサンプリングすればよいことになる．したがって，電話音声の 1 回線は 1 秒間に 8,000 回標本化し，各標本値は 8 ビットであるから 64kbps の伝送速度が必要であり，この伝送速度は電話システムの基本になる．

4. **復号化・平滑化** 数値化されたデータを, 信号の振幅値に復号化し, これを低域フィルタで平滑化し, 元のアナログ信号に戻す.

□ アナログ画像が持つ濃淡・色彩・強度などの2次元分布データをディジタル化する手順を図 12.6 に示す.

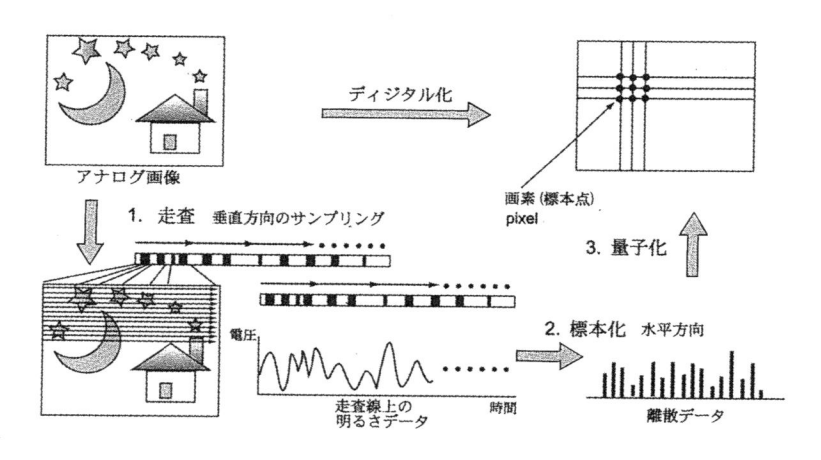

図 12.6 画像のディジタル化

(4) 構内ネットワークと広域ネットワーク

□ LAN は, ビルなどの建物や企業, 学校などの敷地の中に作る高速のデータネットワークで, 一般に, ワークステーション, パーソナルコンピュータ, プリンタなどの装置が接続される.

□ LAN を導入すると, 利用者はプリンタやディスクなどの機器とアプリケーションの共有ができる. LAN の主な接続形態を図 12.7 に示す.

12.2 コンピュータネットワーク

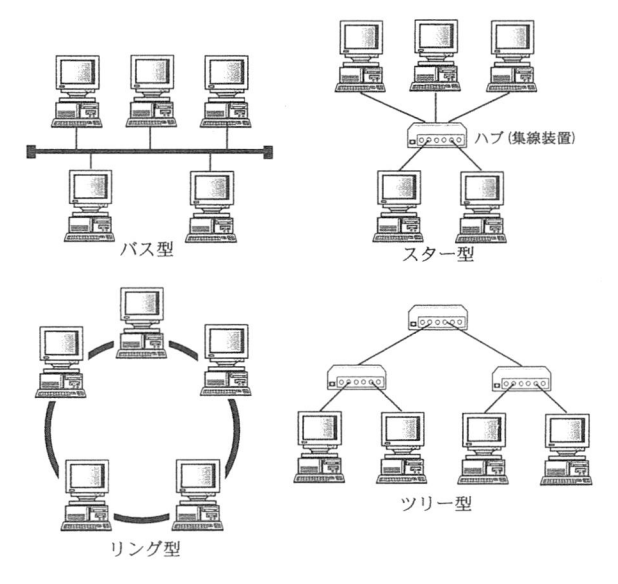

図 12.7 接続形態の例

（バス型、スター型、リング型、ツリー型）

- □ LAN の代表的なプロトコルとして**イーサネット (Ethernet)** がある．イーサーネットは 10Mbps，高速イーサネットは 100Mbps の伝送速度で，複数のコンピュータや機器が一本の伝送路を共用する．
- □ WAN は離れた地域を結ぶデータ通信ネットワークで，一般的に電気通信事業者が提供するデータ通信回線を利用して構築する．
- □ データ通信用のネットワークには**回線交換**と**パケット交換**の 2 種類のネットワークがある (図 12.8, 12.9 参照)．
- □ データを小さいブロックに分割して，それぞれのブロックに送信先アドレスなどの制御情報のヘッダを付けたユニットを，**パケット**と呼ぶ．

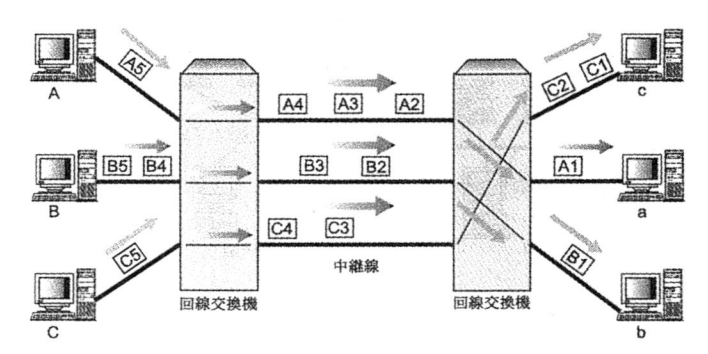

図 12.8　回線交換

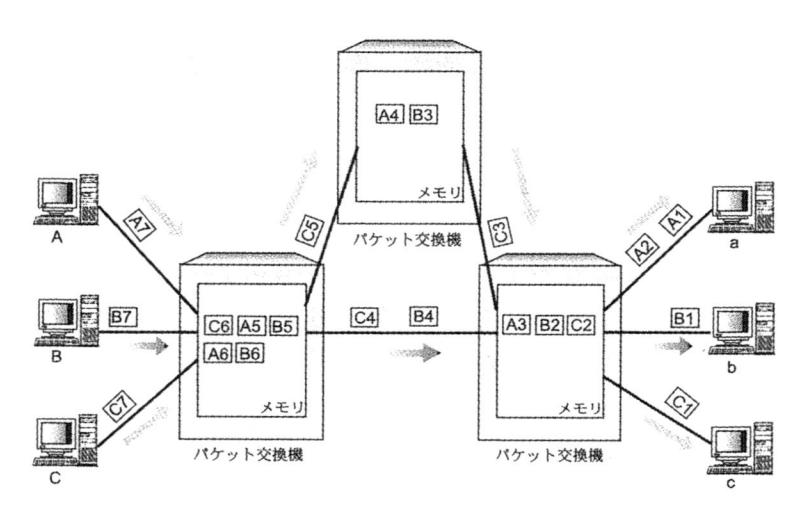

図 12.9　パケット交換

- 回線交換は，電話網やISDNのように，発信側装置と着信側装置の間にあらかじめ回線をつないで，データを送受信できるようにする方法である．
- パケット交換は，データをパケットに分割し，各パケットのヘッダに付けられている相手のアドレス番号に従って，着信側の装置

12.2 コンピュータネットワーク

まで各パケットを個別に送る方法である.
□ 電気通信業者が提供する通信回線の例を図 12.10 に挙げる.

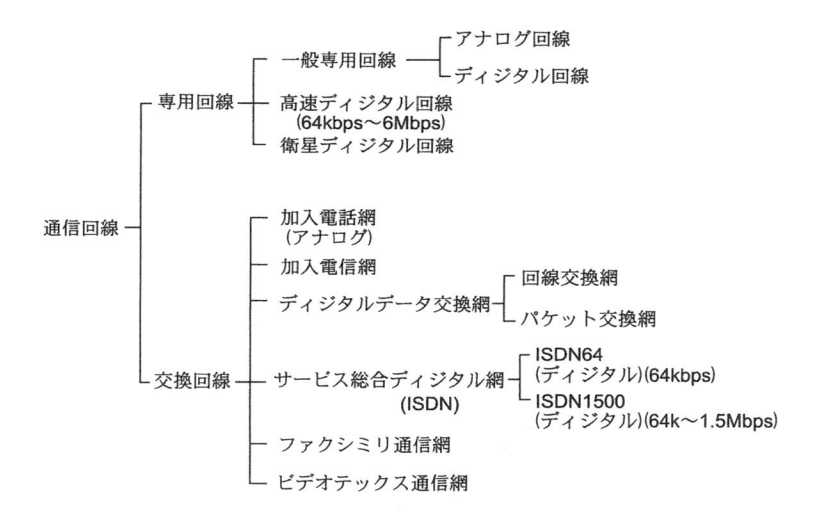

```
                  ┌─ 一般専用回線 ─┬─ アナログ回線
                  │                └─ ディジタル回線
         ┌ 専用回線 ┼─ 高速ディジタル回線
         │        │   (64kbps〜6Mbps)
         │        └─ 衛星ディジタル回線
通信回線 ─┤
         │        ┌─ 加入電話網
         │        │   (アナログ)
         │        ├─ 加入電信網
         │        ├─ ディジタルデータ交換網 ─┬─ 回線交換網
         └ 交換回線 ┤                         └─ パケット交換網
                  ├─ サービス総合ディジタル網 ─┬─ ISDN64
                  │        (ISDN)              │   (ディジタル)(64kbps)
                  │                            └─ ISDN1500
                  │                                (ディジタル)(64k〜1.5Mbps)
                  ├─ ファクシミリ通信網
                  └─ ビデオテックス通信網
```

図 **12.10** NTT の通信回線の例

□ データ通信を行う場合,既存のアナログ電話網を利用する方法とディジタル網を使う方法とがある (図 12.11 参照).

□ コンピュータなどのデータはディジタル信号なので,宅内に設置した**モデム (modem)** を通すことによって,アナログの電話網を利用する.モデムは,コンピュータからのディジタル信号を,アナログの音声信号に変調 (modulation) し,逆に変調されたアナログ音声信号を受けて,ディジタル信号に復調 (demodulation) する.

□ コンピュータとディジタル網を接続するには,宅内に **DSU(Digital Service Unit: ディジタル回線終端装置)** を設置する.

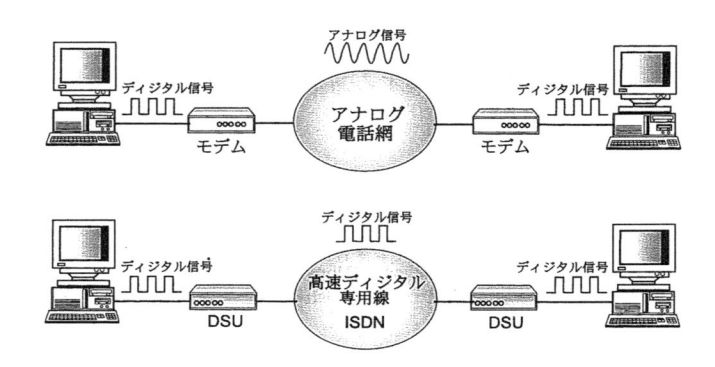

図 12.11　ネットワークとの接続

(5) 通信の形態

- □　通信の形態には，**コネクション型**と**コネクションレス型**の2種類がある．

- □　データを送る前に，通信相手との間に論理的な通信路を確保しておく方法を，コネクション型通信と呼ぶ．コネクションはデータを転送するパイプの役割を果たす．送信側がパイプにデータを押し込むと，受信側では送信したときと同一の順序でパイプからデータを取り出すことができる．電話網や ISDN 通信は，コネクション型通信の例である．

- □　これに対して，コネクションレス型通信は，郵便システムにたとえられる．通信相手との論理的な通信路をあらかじめ確保しないで，送信したいメッセージの一つひとつに宛先アドレスを付けて通信網に送り出す．一般に，送信したメッセージの順序どおりに受信側に到着するとは限らない．

12.2.3 インターネット
(1) ネットワークの相互接続

- □ コンピュータネットワークが米国で軍事研究用に開始され約20年,その後,学術研究用として大学や研究所で十数年前から使われてきたが,1990年代中頃から商用や個人でも利用できるようになり,**インターネット** (Internet) として利用が広まった.

- □ インターネットはネットワークを相互に接続する internetworking から名づけられ,さまざまなコンピュータネットワークが相互接続された世界規模のコンピュータネットワークである.

- □ インターネットは,通信プロトコルに **TCP/IP** を用いている. TCP/IP は,OSI 参照モデルのトランスポート層で機能する TCP (Transmission Control Protocol) と,ネットワーク層で機能する IP (Internet Protocol) を合わせた呼び名である.

(2) インターネットプロトコル

- □ インターネットのプロトコル群を OSI 参照モデルに対応して示したのが図 12.12 である.[†]

- □ OSI 参照モデルの7層は,大きく分けて,1〜4層のデータ転送の層と,5〜7層のデータを意味付けして利用するアプリケーションに依存した層になる.

- □ トランスポート層のプロトコルには,コネクション型の TCP とコネクションレス型の UDP (User Datagram Protocol) の2種がある. TCP には,パケットの順序確保や到達確認などの制御機能がある. この層では,送信元と受信先のエンド・ツー・エンド (end to end) の通信機能を提供する (図 12.13 参照).

[†] TCP/IP プロトコルは OSI 参照モデルの登場以前に開発されたプロトコルのため,TCP/IP プロトコルモデルは OSI 参照モデルとは異なる.

□ ネットワーク層に位置する IP の主な機能は，TCP/IP の基本的なデータ単位である "IP パケット" を，宛先 IP アドレスにしたがって最適な経路を選択し，配送するルーティング機能である．IP 層では，パケットの順序や到達確認などの信頼性は保証されない．これは，TCP など上位層の機能になる．

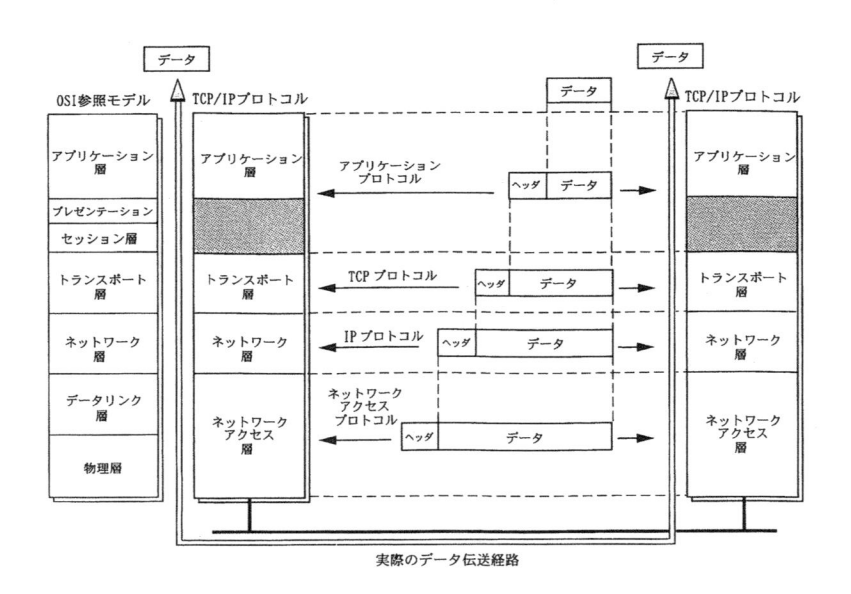

図 **12.12** TCP/IP プロトコル階層

□ IP アドレスは，32 ビットの数値で，コンピュータが所属するネットワークを示すネットワークアドレス部と，コンピュータなどの接続機器を示すホストアドレス部から成る．
□ 下位に位置するネットワークアクセス層は，OSI 参照モデルのデータリンク層と物理層に相当する．データリンク層は，隣り合ったコンピュータ間でのデータ転送機能を提供する．物理層は，通信媒体の物理的な形状や電気特性を規定する．ネットワークア

クセス層には，LAN や WAN で使われる様々なプロトコルがある．LAN の代表的なプロトコルにイーサネットがある．

(3) LAN の相互接続

- □ LAN を拡張する中継装置には，**リピータ**，**ブリッジ**，**ルータ**の 3 つがある．

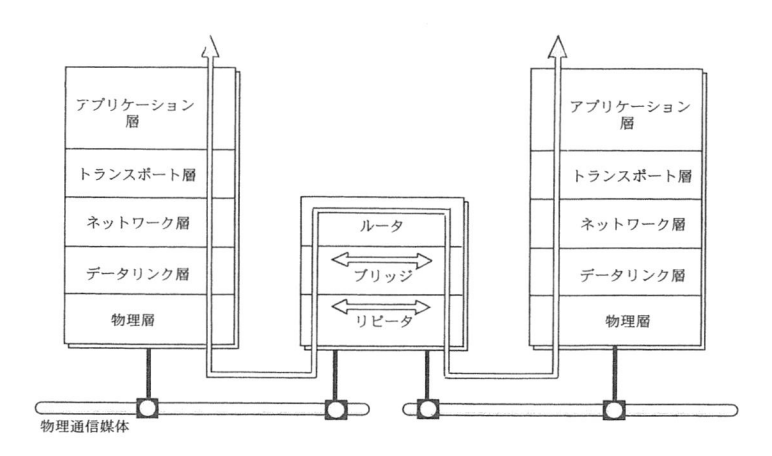

図 **12.13** LAN の相互接続

- □ リピータは物理層に位置し，一方の LAN から受信した信号を増幅して，もう一方の LAN に出力する．
- □ ブリッジはデータリンク層で 2 つの LAN のデータを受け渡す．ブリッジは，一般にデータリンク層の MAC(Media Access Control) アドレス[†] を参照して別の LAN に中継する機能を持つ．アドレスによる中継の選択機能は，LAN の混雑を緩和する効果がある．
- □ ルータはネットワークを流れるパケットのヘッダの宛先アドレスを見て，パケットの行き先ネットワークを決める．ルータはネット

[†] イーサネット接続ではイーサネットアドレスを指す．

ワーク層のアドレスを見て,パケットを送り出すかどうかのフィルタリング判断や通信プロトコルによるフィルタリング判断ができる.また,ルータを通すと,種類の違うLAN同士でも相互接続できる.こうした機能から,ルータはネットワークを構成する中心的な装置である.

(4) インターネット上のアプリケーション

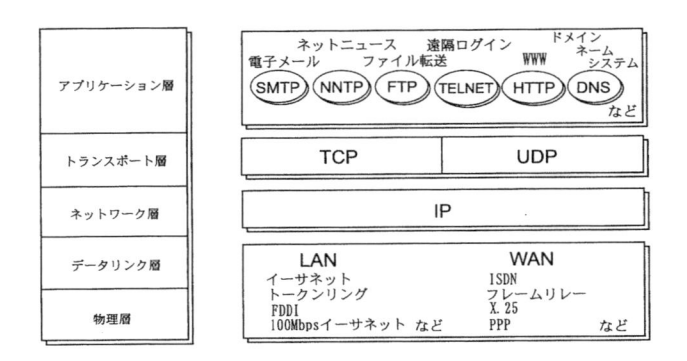

アプリケーション層	ネットニュース　遠隔ログイン　ドメインネームシステム 電子メール　ファイル転送　WWW SMTP　NNTP　FTP　TELNET　HTTP　DNS　など
トランスポート層	TCP　　　　　UDP
ネットワーク層	IP
データリンク層 物理層	LAN　　　　　　　　WAN イーサネット　　　　　ISDN トークンリング　　　　フレームリレー FDDI　　　　　　　　X.25 100Mbpsイーサネット など　PPP　　　　　など

図 **12.14** TCP/IP の位置づけ

- インターネットでは,TCP/IPプロトコルを使ってさまざまなサービスが提供されている(図12.14).ファイル転送,電子メール,遠隔ログインなどの基本サービスに加え,WWW(World Wide Web)など多くのサービスが生まれており,世界中のどのコンピュータも通信規約に従う限り,ネットワークに接続されて,情報の発信と収集が行える.接続数は急速に増加している.

- FTP(ファイル転送),Telnet(遠隔ログイン),SMTP(メール転送),POP(メール取り出し),NNTP(ネットニュース),HTTP(WWW)などのアプリケーションプロトコルと,DNS(ドメイン名システム),RIP(経路制御),SNMP(ネットワーク管理)などの支援プロトコルがある.

12.2 コンピュータネットワーク

- 多くのアプリケーションは，分散処理のネットワーク環境において，**クライアント/サーバ・モデル**で動作する．例として，HTTPプロトコルで動作するWWWサーバとクライアントを図12.15に示す．

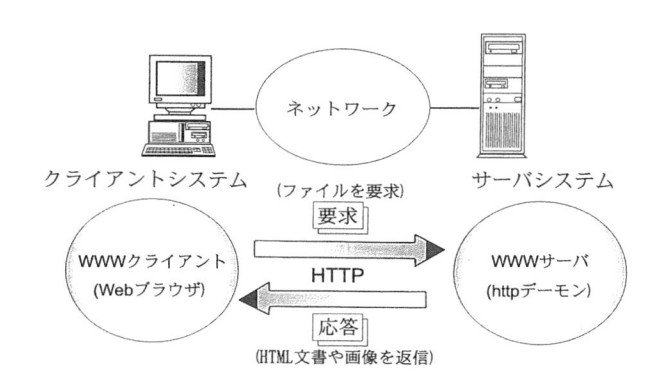

図 12.15 WWW サーバとクライアント

(5) インターネットプロトコルによるLANの構成

- TCP/IPプロトコルを使った企業のネットワーク，特にWWWを中心とした社内情報ネットワークを**イントラネット (intranet)** と呼ぶ．もともと，企業の外部への情報提供に使われていたWWWサーバを，企業内の情報共有の手段にも用い，WWWクライアントであるブラウザから，電子メールやデータベース検索，ファイルの転送などを利用できるようにしたものである．
- LANの構成の例を図12.16に示す．
- 一般に企業内ネットワークは，外部のインターネットからの不正なアクセスを防ぐ目的で**ファイアウォール**を設けている．

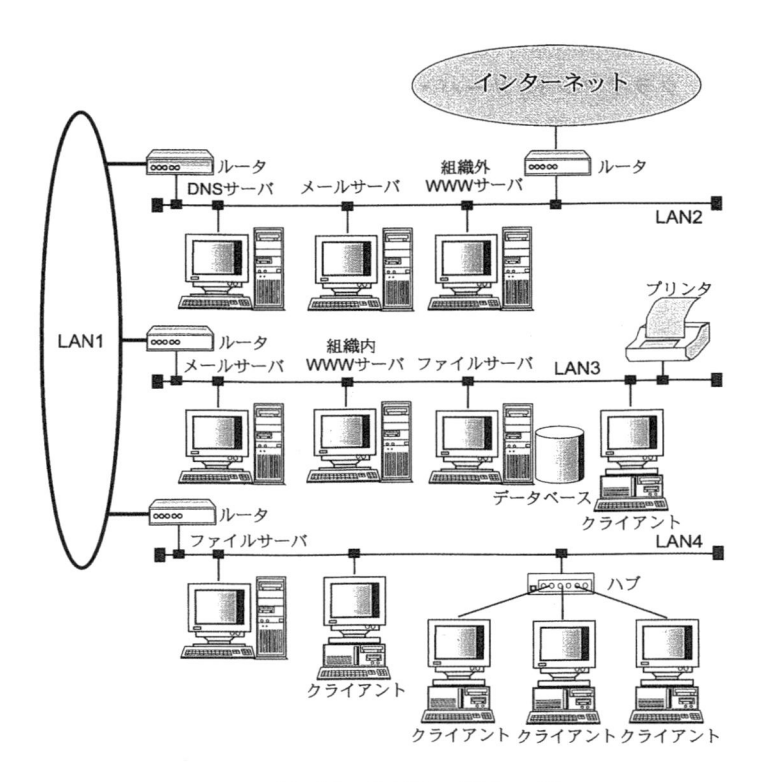

図 12.16　LAN の構成の例

12.3　最近の情報環境の情勢

　最近の情報環境の情勢の変化には，目まぐるしいものがあるが，いくつか目立った点をあげる．
- **ハードウェアについて**
    - ハードウェアは，製造技術の進歩により，より高性能 (処理速度と記憶容量) な装置が，小型化され低価格になった．

- そのため,これまでは大型機で行っていた処理が,パーソナルコンピュータでもできるようになり,高価な大型機よりも低価格な小型機をたくさん使うダウンサイジングが起こった.この傾向はずっと続いており,毎年新しい機種が登場する状況である.
- ただし,基本的な方式は従来と変わらず,この壁を破るために,非ノイマン型の次世代マシンの研究開発も行われている.

□ **ソフトウェアについて**

- **基本ソフトウェア,OS** については,UNIX の登場によって,従来の大型機の OS の概念が破られ,その後のパーソナルコンピュータ用の OS(MS-DOS など) にも大きく影響した.

  また,Macintosh は,初めから "利用しやすいこと" に重点をおいて,優れた GUI など独自の新しい考えを導入し,他にも影響を与えた.

  これらが,現在も広く使われている.

- **応用ソフトウェア**は,従来,業務に合わせて個別に開発する大規模で高コストなものや,その都度,各自で作成するプログラムが多かったが,パーソナルコンピュータやワークステーションの普及につれて,それらの共通のソフトやツールがたくさん作られるようになり,広く使われている.

- これらのソフトウェアは,市販ソフトウェアはもちろん,PDS(Public Domain Software) やフリーソフトウェアという形でも流通するようになった.多くの人が共通のソフトウェアを使うと,価格が下がるだけでなく,データの共有や協調作業を行う上で有利である.

□ **データベースシステム**

- 大量の情報を蓄え,それを効率良く利用することは,情報システムの重要な役割であり,最近は一段とデータベースシステムが重要になっている.

- より進んだ方式として,関係モデルやオブジェクト指向モデル,分散データベース,マルチメディアデータベースなどの研究が行われており,専用のマシン設計も研究されている.
- ネットワークの利用に伴い,安全性 (security) と信頼性が重要になっている.

□ **利用環境について**
- 最近の大きな変化は,利用環境の向上であろう.ハードウェアやソフトウェアの方式自体は,あまり劇的な変化はないが,その性能の向上にともない,いかにより利用しやすいシステムを作るかということが重視されるようになった.
- **グラフィカルユーザインタフェース (GUI) やマルチウィンドウシステム**に加え,項目の関連付けができる**ハイパーテキスト**,文字情報だけでなく図形,映像,音声などをともに扱う**マルチメディア**の利用などが普及し注目されている.

□ **コンピュータネットワーク**
- インターネットは,接続数が爆発的に増加し,また新しい使い方やサービスが要求されるようになってきたので,それらに対応するために新しいプロトコルの検討が必要となっている.
- また,最近,テキスト情報だけでなく映像や音声もいっしょに扱えるようになった.放送と違って双方向の情報交換ができること,電話と違って一対多数の情報交換もできること,時差や相手の都合に影響されないこと,手紙や出版に比べて伝搬力が強く,とても早いこと,個人が主体であり,簡単なことなどの利点があり,これからますます広まり影響力を持つだろう.
- それにつれて,セキュリティや信頼性,倫理性などの問題が重要になっている.

12.3 最近の情報環境の情勢

□ 利用例について
- コンピュータは，計算機能を主目的として開発されたが，計算機能のほかに，記憶機能，通信機能，制御機能を備えており，それらの機能を主目的とした利用もされるようになった．たとえば，
    ○ 計算機能が主体の処理として，統計解析や**シミュレーション**(模擬実験)がある．
    ○ 記憶機能が主体のシステムの代表として，**データベースシステム**がある．
    ○ 通信機能が主体の利用の例が，インターネットやパソコン通信である．
    ○ 制御機能が主体のシステムとして，工場の生産ラインやロボットの自動制御 (Factory Automation, **FA**) がある．
    ○ これらの機能が複合的に利用されている例に，銀行のオンラインシステム，会社の事務処理 (Office Automation, **OA**)，**経営情報システム**などがある．
- さらにいくつかの応用例をあげる．
    ○ 会社，事業所の OA(Office Automation)
    ○ 製造業，工場の FA(Factory Automation)
    ○ 製造業の CIM(Computer Integrated Manufacturing) システム
    ○ 小売業などの POS(Point Of Sales) システム
    ○ 銀行の ATM(Automated Teller Machine) システム
    ○ 交通情報などに利用される GIS(Geographical Information System), GPS(Global Positioning System) システム
    ○ 印刷，出版，DTP(Desk Top Publishing)
    ○ 文字入力自動読み取り，OCR(Optical Character Recognition)
    ○ 電子メール，電子会議 など

- これまでみてきたように，コンピュータはプログラムによって動作が指示されるので，プログラム(ソフトウェア)をいろいろ工夫することで，いろいろな機能を持たせることができ，いろいろな用途に利用できる．
- 利用の目的と分野が限定されないで，何とでも手をつなぐことができるのが，今日のようにコンピュータが様々な分野に広く普及し，大きな役割を果たすようになった最大の理由である．
- このように，コンピュータはさまざまな分野で人間の仕事を助けたり代行する手段として利用され，仕事のやり方を変え，新しい方法や新しい価値を創り出している．そして，コンピュータとネットワークの果たす社会での役割は，大変重要なものとなり，現代社会では欠くことができないものとなっている．
- 今後の利用構想の例を図 12.17, 図 12.18 に示す．

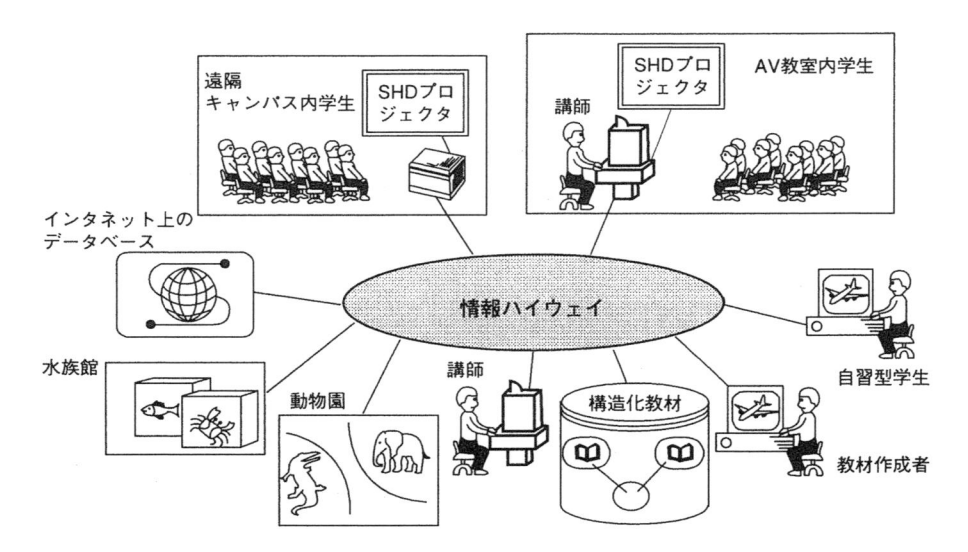

図 **12.17** バーチャルキャンパス (出典: 相磯秀夫 "情報ハイウェイの将来展望" 電子情報通信学会誌 Vol.78 No.4 1995)

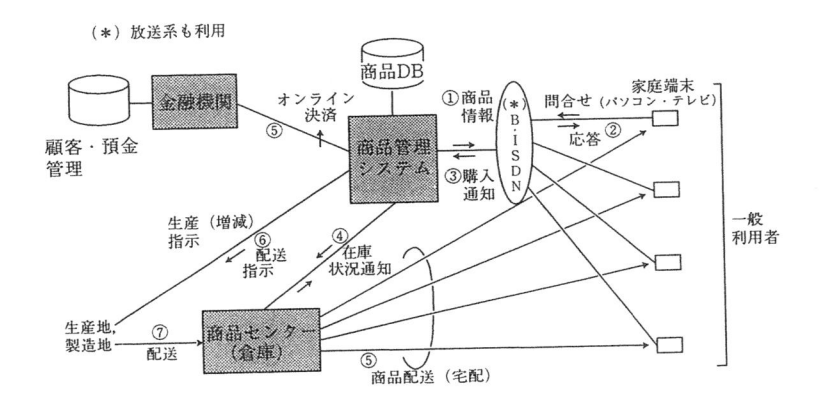

図 12.18 将来の売買システム形態のイメージ (出典: 阪田史郎 "マルチメディアシステム"情報処理 Vol.36 No.9 1995)

演習問題

演習 12.1 コンピュータの活用事例を調べ，その一例について詳しく書きなさい．

演習 12.2 最近の情報環境の情勢について，何か一つを取り上げ，調べたことを詳しく書きなさい．

演習 12.3 以下の **32 個の重要なキーワード**について，それぞれの説明しなさい．

1. ハードウェア (hardware)
2. ソフトウェア (software)
3. 本体 コンピュータ本体 (computer body)
4. 周辺装置 (peripheral device)
5. 中央処理装置 (CPU, central processing unit)
6. 主記憶装置 (main memory, primary storage)
7. 入力 (input)
8. 出力 (output)
9. 入出力 (I/O, input-output)
10. 補助記憶装置 外部記憶装置 (secondary storage, external storage)

11. フロッピィディスク (floppy disk)
12. ハードディスク (hard disk)
13. 入力装置 (input device)
14. 出力装置 (output device)
15. ファイル (file)
16. プログラム (program)
17. データ (datum, data)
18. オペレーティングシステム (OS, operating system)
19. コマンド (command)
20. エディタ (editor)
21. ワードプロセッサ (word processor)
22. アセンブラ (assembler)
23. コンパイラ (compiler)
24. インタプリタ (interpreter)
25. データベース (database)
26. データベース管理システム (DBMS, database management system)
27. スプレッドシート (spread seat)
28. グラフィクス (graphics)
29. インタフェース (interface)
30. グラフィカルユーザインタフェース (GUI, graphical user interface)
31. デスクトップパブリッシング (DTP, desktop publishing)
32. インターネット (Internet)

付録 A

文字コード

文字コードについての補足説明および,コード表を示す.

(1) EUC

EUC では 1 文字は 1 バイト (8 ビット) ～ 3 バイトで表現される.

表 A.1 EUC のコードセット

コードセット	用途
基本コードセット (コードセット 0)	ASCII 文字 (英数字) を表す
補助コードセット (コードセット 1)	ひらがな,カタカナ,漢字などを表す
補助コードセット (コードセット 2)	半角カタカナを表す
補助コードセット (コードセット 3)	外字を表す

- たとえば'A' や'$' は基本コードセットで表され,'A' は $41_H(=0010\ 0001)$. '$' は $24_H(=0010\ 0100)$ で表される.
- コードセット 1 は各バイトの先頭が必ず'1'(ただし,$8E_H$ と $8F_H$ コードセット 2 と 3 に記織り変えるための文字として使う).
- たとえば漢字' 亜' はコードセット 1 で表され,$B0A1_H(1011\ 0000\ 1010\ 0001)$ となる.
- また,半角カナの例として' ア' はコードセット 2 で表され,$8EB1_H(1000\ 1110\ 1011\ 0001)$ となる (EUC では半角カタカナは 2 バイトで表される).
- EUC では,文字の 1 バイト目でその文字がどのコードセットかがわかる.

150   A   文字コード

表 A.2 EUC の第 1 バイト目とコードセットの対応

1 バイト目	コードセット
$00_H \sim 7F_H$	基本コードセット (コードセット 0)
$A1_H \sim FE_H$	補助コードセット (コードセット 1)
$8E_H$	補助コードセット (コードセット 2)
$8F_H$	補助コードセット (コードセット 3)

(2) JIS コード

- 主に大型コンピュータやオフィスコンピュータで使われている.
- JIS コードでは英数字,英記号,半角カタカナおよび各種制御符号を 1 バイトで表し,ひらがなや漢字などの全角文字を 2 バイトで表現する.
- シフト文字を使って 1 バイト文字と 2 バイト文字を区別する.
- 1 バイト文字
  - **JIS7** 単位と **JIS8** 単位と呼ばれる 2 つのコードがある.いずれも ASCII コードを基本にしている.
  - **JIS7** 単位と **JIS8** 単位では半角カタカナの表現が異なる (下の表を参照).
- JIS7 単位コードでは半角カタカナと英字を SI(**シフトイン**:コード $0F_H$), SO(**シフトアウト**:コード $0E_H$) で切り替える.
- 1 バイト文字と 2 バイト文字は**漢字イン** (KI:エスケープ文字を使用) と**漢字アウト** (KO) を使って区別する.
- JIS 第 1 水準 (日常よく使う 2,965 文字), JIS 第 2 水準 (それより使用頻度が少ない 3,390 文字) の計 6,355 文字を規定している.

JIS8 単位の例

a	w	k	コ	マ	ン	ト	"	:	1	0
61	77	6B	BA	CF	DD	C4	DE	3A	31	30

JIS7 単位の例

a	w	k	SI	コ	マ	ン	ト	"	SO	:	1	0
61	77	6B	0F	3A	4F	5D	44	5E	0E	3A	31	30

1バイトと2バイトの区別の例

A	B	C	KI	文	字	と	KO	1	2	3
41	42	43	1B 24 42	4A 38	3B 7A	24 48	1B 28 4A	31	32	33

(3) シフトJISコード

- MS-DOSなどのパソコンで使われている.
- JISコードのようにシフト文字を使わずにすべての文字を表現[†]している.
- 英数カナは1バイト,日本語の全角文字は2バイトを使う.
- 2バイトコードの第1バイト目が,$80_H \sim 9F_H$ と $E0_H \sim EF_H$ の範囲 (JIS8 の未定義部分になるように,JISコードをシフトする.
- 1バイト目を見れば,1バイト文字か2バイト文字かがわかる.

(4) JIS8単位コード

	0	1	2	3	4	5	6	7		8	9	A	B	C	D	E	F
0	NUL	DLE	SP	0	@	P	`	p	0				―	タ	ミ		
1	SOH	DC1	!	1	A	Q	a	q	1			｡	ア	チ	ム		
2	STX	DC2	"	2	B	R	b	r	2			｢	イ	ツ	メ		
3	ETX	DC3	#	3	C	S	c	s	3			｣	ウ	テ	モ		
4	EOT	DC4	$	4	D	T	d	t	4			、	エ	ト	ヤ		
5	ENQ	NAK	%	5	E	U	e	u	5			・	オ	ナ	ユ		
6	ACK	SYN	&	6	F	V	f	v	6	未定義		ヲ	カ	ニ	ヨ	未定義	
7	BEL	ETB	'	7	G	W	g	w	7			ア	キ	ヌ	ラ		
8	BS	CAN	(	8	H	X	h	x	8			イ	ク	ネ	リ		
9	HT	EM	)	9	I	Y	i	y	9			ウ	ケ	ノ	ル		
A	LF	SUB	*	:	J	Z	j	z	A			エ	コ	ハ	レ		
B	VT	ESC	+	;	K	[	k	{	B			オ	サ	ヒ	ロ		
C	FF	FS	,	<	L	\	l	|	C			ヤ	シ	フ	ワ		
D	CR	GS	-	=	M	]	m	}	D			ユ	ス	ヘ	ン		
E	SO	RS	.	>	N	^	n	~	E			ヨ	セ	ホ	゛		
F	SI	US	/	?	O	_	o	DEL	F			ツ	ソ	マ	゜		

図 **A.1** JIS8単位コード

[†] 名前の"シフト"はシフト文字のことではなくJISコード体系の全体を"ずらす"という意味.

152   A   文字コード

JIS7 単位コード

JIS7 単位 カナコード

上位4ビット

下位4ビット	0	1	2	3	4	5	6	7
0	NUL	DLE	SP	―	タ	ミ		
1	SOH	DC1	。	ア	チ	ム		
2	STX	DC2	「	イ	ツ	メ		
3	ETX	DC3	」	ウ	テ	モ		
4	EOT	DC4	、	エ	ト	ヤ		
5	ENQ	NAK	・	オ	ナ	ユ	未定義	
6	ACK	SYN	ヲ	カ	ニ	ヨ		
7	BEL	ETB	ァ	キ	ヌ	ラ		
8	BS	CAN	ィ	ク	ネ	リ		
9	HT	EM	ゥ	ケ	ノ	ル		
A	LF	SUB	ェ	コ	ハ	レ		
B	VT	ESC	ォ	サ	ヒ	ロ		
C	FF	FS	ャ	シ	フ	ワ		
D	CR	GS	ュ	ス	ヘ	ン		
E	SO	RS	ョ	セ	ホ	゛		
F	SI	US	ッ	ソ	マ	゜		DEL

JIS7 単位 英数字コード

上位4ビット　JIS7の英数字コードはASCIIコードに準拠

下位4ビット	0	1	2	3	4	5	6	7
0	NUL	DLE	SP	0	@	P	`	p
1	SOH	DC1	!	1	A	Q	a	q
2	STX	DC2	"	2	B	R	b	r
3	ETX	DC3	#	3	C	S	c	s
4	EOT	DC4	$	4	D	T	d	t
5	ENQ	NAK	%	5	E	U	e	u
6	ACK	SYN	&	6	F	V	f	v
7	BEL	ETB	'	7	G	W	g	w
8	BS	CAN	(	8	H	X	h	x
9	HT	EM	)	9	I	Y	i	y
A	LF	SUB	*	:	J	Z	j	z
B	VT	ESC	+	;	K	[	k	{
C	FF	FS	,	<	L	\	l		
D	CR	GS	-	=	M	]	m	}
E	SO	RS	.	>	N	^	n	~
F	SI	US	/	?	O	_	o	DEL

図 A.2　JIS7 単位コード

（SI と SO でコード面を切替える／SI でカナコードを選択／SO で英数字コードを選択）

付録 B

コンピュータと通信の主な標準化機関

(1) **ISO**

ISO(International Standards Organization[†] 国際標準化機構) は 1946 年に設立された条約によらない任意団体である.

標準化はネジから品質管理に至るまで多岐の分野にわたる.

メンバは各国の標準化機関[††] の ANSI(米)[†††], JISC(日), DIN(独) などで, ANSI 標準 (米国の国内規格) が ISO によって国際標準化されることが多い.

(2) **ITU-T(旧 CCITT)**

ITU-T(International Telecommunication Union, 国際電気通信連合) は国連の下位機関で, 電話, 電信およびデータ通信に関する技術上の勧告を出す.[††††]

(3) **IEEE**[†††††]

米国内の電気電子学会であるが, 標準化に力を持つ. IEEE の標準の多くは ISO で国

[†] 正式名は International Organization for Standardization である.
[††] 実際の仕事は, 各分野個別に作業部会 (Working Group: WG) が設けられ, 世界中の 10 万名におよぶボランティアによって行われている. 最近の活動として, OSI(open system interconnection: 開放形システム間相互接続) と呼ばれる通信規格の制定などが挙げられる.
[†††] ANSI(American National Standard Institute, アメリカ国家標準協会). C 言語の標準規格としての ANSI 規格などが挙げられる.
[††††] たとえば, パソコン通信などで電話回線を使って相手のコンピュータと 2 値信号のやり取りをするのにモデム (modem) を使う. そこで 2 台のモデム間で正しくデータのやり取りができるように規格の標準化が必要になる. この標準規格を ITU-T が勧告 (recommend) している. 勧告に基づいたモデムであれば, どこのメーカでも正しく接続できる.
[†††††] Institute of Electrical and Electronic Engineers, 米国電気電子技術者協会. アイ・トリプル・イーと呼ぶ.

際標準化される.††††††

(4) IAB(Internet Architecture Board)

インターネットに関連するプロトコル群の標準仕様を認定する機関.IABの下部組織として IETF(Internet Task Force) などの実行部門がある.IETF はインターネットの技術的な検討を行う実行組織.標準仕様は RFC(Request For Comments) として公開している.RFC は誰でもインターネットから手に入れることができる (http:/www.ietf.org).

---

†††††† たとえば,IEEE は LAN(Local Area Network) に関する標準をいくつか作成している.これらの標準はまとめて IEEE802 と呼ばれる.

付録 C

フリップフロップによる記憶

簡単な順序回路の例として，SR フリップフロップ (SR Flip-Flop) の動作を説明する．

状態 0 のSR Flip-Flop　　　　状態 1 のSR Flip-Flop

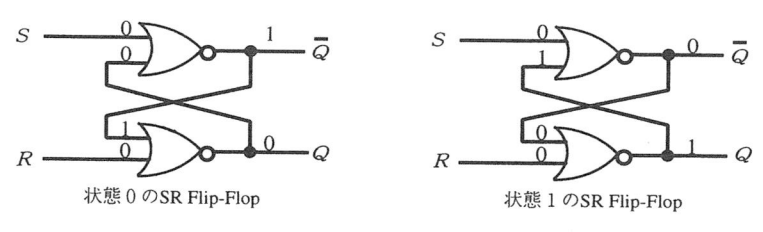

図 **C.1**　SR Flip-Flop

- 図 C.1 の回路は，組み合わせ回路と違って，現在の入力だけで出力を一意に決められない．

- この回路の動作を調べるために，まず S と R が共に'0' と仮定する．さらに，$Q = 0$ と仮定する (図 C.1 の "状態 0 の SR Flip-Flop" を参照)．

- Q は上側の NOR 回路の入力に戻されているので，上側の NOR は 2 つとも入力は'0' である．したがって，上側の NOR 回路の出力である $\bar{Q}$ は'1' になる．この上側の NOR の出力'1' は下側の NOR の入力になり，下側の NOR は入力'1' と'0' になるため，出力である Q は'0' になる．この状態は安定しており変わらない．

- 次に，S と R が'0' のままで，Q が'0' ではなく'1' になる場合を考えると，図 C.1 の "状態 1 の SR Flip-Flop" のようになる．以上のことから，$R = S = 0$ に対して 2 つの安定な状態があることがわかる．

- $Q = 0$ の状態で S を'1' にすると上側の NOR の入力は'1' と'0' になり，結果として出力は'0' になる．この出力'0' は下側の NOR の入力になり，NOR は共に'0' の入力で，NOR 出力である Q は'1' になる．

- こうして S をセット (1 にする) すると Q は '0' から '1' に切り替わる. 図 C.1 の "状態 0 の SR Flip-Flop" の状態で R をセット (1 にする) しても変化はない. なぜなら, 下側の NOR の入力は '10' と '11' のどちらでも出力は '0' で同じためである.
- 同様の理由で, 図 C.1 の "状態 1 の SR Flip-Flop" では S をセットしても変化はないが, R をセットすると Q は '0' になる.
- このような状態の変化を, 図 C.2 のような, 状態遷移図で表す. また, 真理値表を, 表 C.1 に示す.
- これらの動作をまとめると, S をセットすると過去の状態によらず $Q=1$ になる. 同様に, R をセットすると過去の状態によらず $Q=0$ になる. この回路は, 最後にオンなったのが S か R かを覚えている.
- この特性を使って記憶回路を作ることができ, n 個組合わせて, n ビットのレジスタやカウンタ, 主記憶に使うメモリができる.

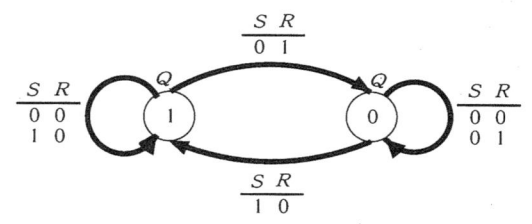

図 **C.2** SR Flip-Flop の状態遷移図

表 **C.1** SR Flip-Flop 真理値表

S	R	Q	$\bar{Q}$
0	0	Q	$\bar{Q}$
0	1	0	1
1	0	1	0
1	1	不定	

付録 D

命令セットと命令実行の例

例として簡単な構成の仮想CPU($tinyCPU$)について説明する．$tinyCPU$は4個のレジスタ(プログラムカウンタPC，命令レジスタIR，条件フラグCF，演算レジスタAX)を持ち，命令は表D.1に示す．

表 D.1　仮想コンピュータ $tinyCPU$ の命令

命令	書式	動作
ロード	LOAD AX,mem	AXにmemの値を転送
ストア	LOAD mem,AX	memにAXの値を転送
加算	ADD AX,mem	AXにAX+memの値を代入
減算	SUB AX,mem	AXにAX-memの値を代入
乗算	MUL AX,mem	AXにAX×memの値を代入
除算	DIV AX,mem	AXにAX/memの値を代入
比較	CMP AX,mem	AX-mem=0のときCFのゼロフラグを設定
		AX-mem≠0のときCFのゼロフラグを解除
		AX-mem<0のときCFの負フラグを設定
		AX-mem≥0のときCFの負フラグを解除
無条件ジャンプ	JMP label	labelというラベルが付いた命令に行く
条件ジャンプ1	JZ label	CFのゼロフラグが設定されていれば，
条件ジャンプ2	JNZ label	CFのゼロフラグが解除されていれば，
条件ジャンプ3	JMI label	CFの負フラグが設定されていれば，
条件ジャンプ4	JPL label	CFの負フラグが解除されていれば，
		labelというラベルが付いた命令に行け
		そうでないときは次の命令へ行け

D 命令セットと命令実行の例

例として, Z :=X + Y の実行について, 見てみよう.
命令は, 主記憶の 30 番地から 32 番地に格納されており, 次のように実行される.

- プログラムカウンタ PC は 30 番地を指し示し, この番地にある命令LOAD AX,X の取り出しを開始する[†].
- CPU は主記憶のアドレスを指定する (図 D.1).
- CPU は 30 番地の命令を読み出し (fetch), 命令レジスタ IR に格納する. このときプログラムカウンタ PC は次の命令の入っている番地を指し示す (図 D.2).
- 命令レジスタにロード (load) された命令はデコーダで解読されて, 実行される. 主記憶内の位置 X の内容が演算レジスタ AX にコピーされる (図 D.3). これで, 一つの命令実行サイクルが完了する.
- 引き続き, プログラムカウンタが指し示す 31 番地の命令を取り出すために, 主記憶に対してアドレスを指定する (図 D.4).
- 31 番地の命令を読み出す (図 D.5).
- 命令ADD AX,Y を解読して, 実行する. 演算レジスタの内容と主記憶の位置 Y の内容を加算して, 結果を演算レジスタに入れる (図 D.1).
- 以上のように, 命令はメモリから読み出され (fetch), 解読, 実行される. CPU は時計の刻み (clock) にしたがって, このサイクルを繰り返す (図 8.2 参照).
- 一般に命令は, 図 D.7 のように, 5 つの処理ユニットで逐次処理され実行される.
- しかし, 1 つの命令が完了してから次の命令を処理する逐次処理では時間がかかるため, 図 D.8 のように並列処理を行って効率を上げる.

[†] 実際には, 2 進数の機械語の取り出しを開始する.

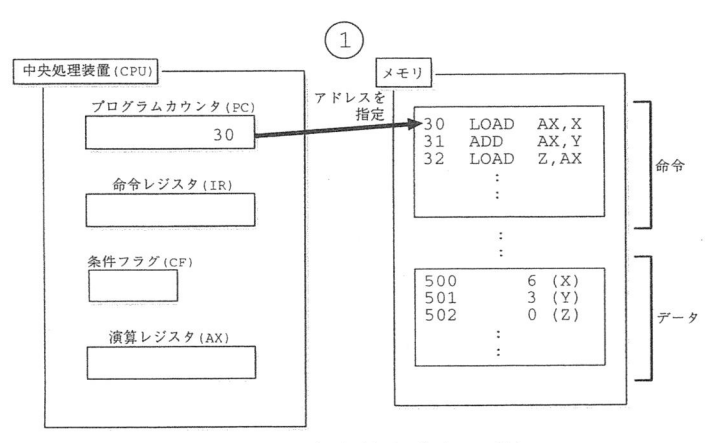

図 **D.1** 命令実行サイクル (1)

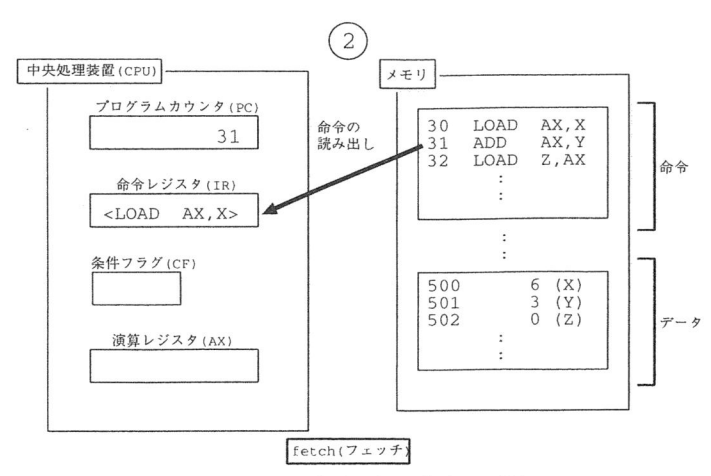

図 **D.2** 命令実行サイクル (2)

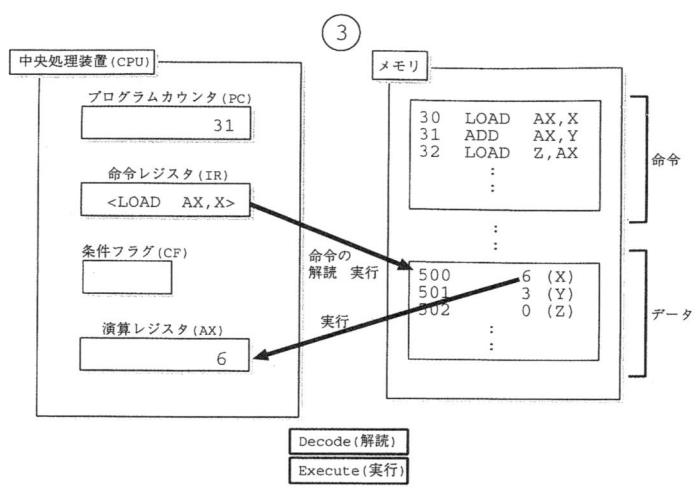

160   D 命令セットと命令実行の例

図 D.3 命令実行サイクル (3)

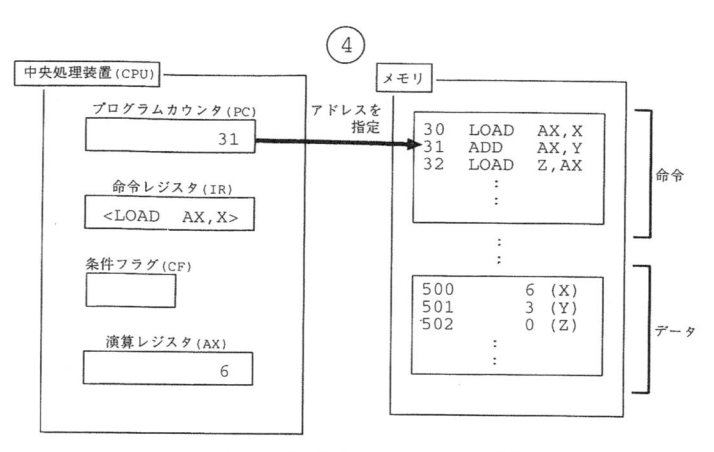

図 D.4 命令実行サイクル (4)

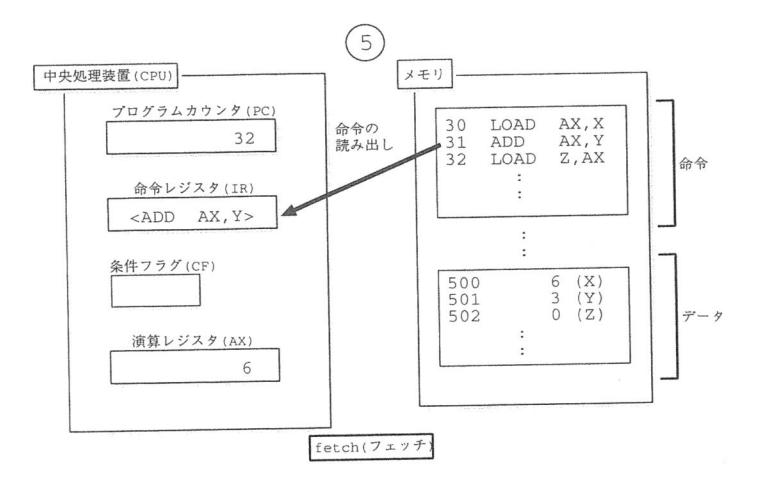

図 D.5　命令実行サイクル (5)

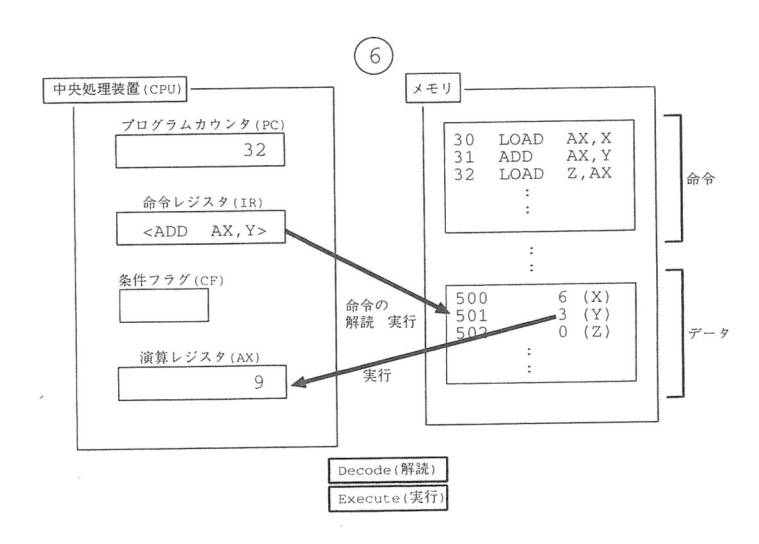

図 D.6　命令実行サイクル (6)

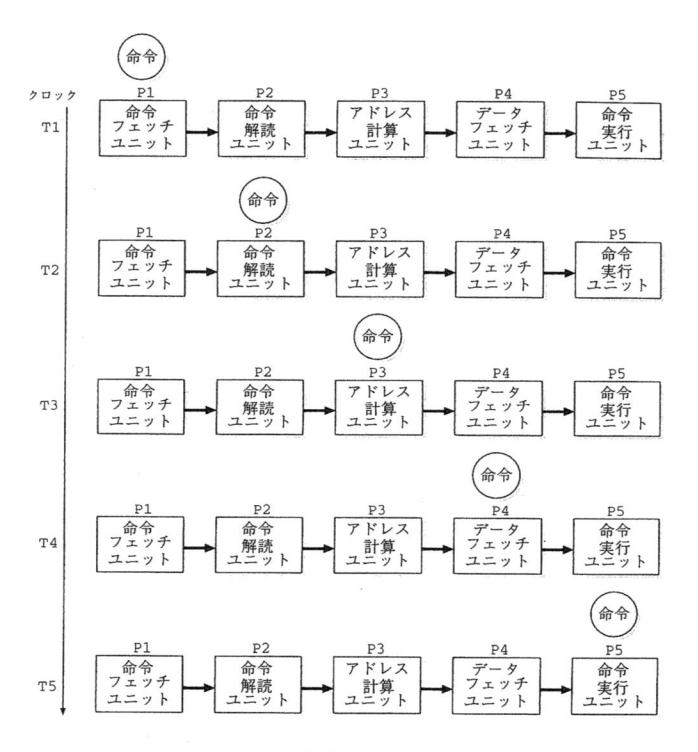

図 D.7　命令の実行過程

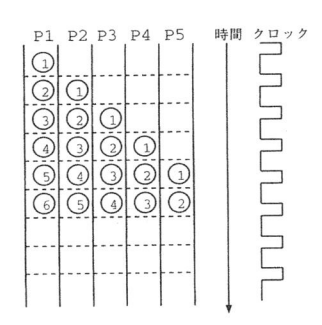

図 D.8　各処理ユニットの並列処理

参 考 文 献

　この本を執筆するにあたり，多数の書籍，論文，解説記事を参照した．その中から，ここでは，代表的なものを挙げ，また，さらに勉強したい人のために，参考書を紹介する．

1. 浦昭二, 市川照久 "情報処理システム入門 第 2 版" サイエンス社 (1998)
   情報処理システムとコンピュータ全般について，より広い範囲の事柄を解説している．

2. 岡田博美, 六浦光一, 大月一弘, 山本 幹 "コンピュータの基礎知識 -基礎からシステム/ネットワークまで-" 昭晃堂 (1995)
   このテキストの 6,7 章以外についてコンピュータ全般の概要を扱った教科書．

3. 都倉信樹 "コンピュータ概論（岩波情報処理入門コース 1)" 岩波書店 (1992)
   ハードウェアの構成と原理を中心として概要を解説した教科書．やや工学系向き．

4. A.W.Biermann 著 和田英一 監訳 "やさしいコンピュータ科学" アスキー (1993)
   コンピュータ科学の重要な概念をわかりやすく扱った教科書．コンピュータはどういう仕組みで，何ができ，何ができないのかを勉強したい人向き．

5. L.Goldschlager, A.Lister 著 武市正人, 小川貴英, 角田博保 訳 "計算機科学入門" 近代科学社 (1987)
   アルゴリズムの重要性という点からコンピュータのハードウェアとソフトウェアの原理や方法を解説した教科書．

6. J.D.Ullman 著 浦昭二, 益田隆司 訳 "プログラミングシステムの基礎" 培風館 (1981)
   ソフトウェアの基本概念と方法を中心に，コンピュータの仕組みや動作も本格的に丁寧に解説した教科書．

7. A.S.Tanenbaum "Computer Networks, 3rd ed." Prentice-Hall (1996)

    コンピュータネットワークの動向を踏まえて，ネットワークの標準プロトコル体系が整理された形で記述されている．

8. 飯塚肇 "コンピュータシステム (新コンピュータサイエンス講座)" オーム社 (1994)

    コンピュータの動作原理，方式の設計，基本ソフトウェアについての教科書．コンピュータを専門的に勉強する人向き．

9. 喜安善市, 清水賢資 "ディジタル情報回路" 森北出版 (1989)

    特に3章から7章までの情報の表現，論理，ハードウェア (回路) 設計の基礎を扱う教科書．工学系やハードに興味のある人向き．

演習問題解答

1章

演習 1.1 〜 1.3　略

演習 1.4　以下のような特徴がある.

- 決められたことを正確に実行する
- 人手では時間がかかる処理を高速で行なう
- 単純な処理を何度も何度も繰り返し行なう
- 膨大なデータを保存しておくことができる
- ソフトウェアで動作を指示し制御する
- 機能や用途は限定されない

2章

演習 2.1　2.2 節 参照

演習 2.2　2.2.3 節 参照

演習 2.3　略

演習 2.4　図 2.5 参照

3章

演習 3.1　$(11001101)_2 = (205)_{10}$

演習 3.2　$(486)_{10} = (1\,1110\,0110)_2,\ (10000)_{10} = (10\,0111\,0001\,0000)$

演習 3.3　$(11\,0100)_2 = (64)_8 = (34)_{16} = (52)_{10}$

演習 3.4　$(1a3C)_{16} = (0001\,1010\,0011\,1100)_2 = (15074)_8 = (6716)_{10}$

演習 3.5, 3.6　略

演習 3.7 ある数を 2 で割っていって,商が 0 になるまでの割った回数が,その数を 2 進数で表わすのに必要な桁数,つまりビット数.

4 章

演習 4.1 $(-190)_{10} = (1\,0100\,0010)_2$, $(-55)_{10} = (100\,1001)_2$

演習 4.2 $(0\,1011\,1110)_2 = (190)_{10}$, $(011\,0111)_2 = (55)_{10}$

演習 4.3 略

演習 4.4 $(25)_{10} = (1\,1001)_2$, $(14)_{10} = (1110)_2$
$(102)_{10} = (110\,0110)_2$, $(95)_{10} = (101\,1111)_2$

```
      1 1011              110 0110
 +)    1110          +)   101 1111
     ───────              ─────────
     10 0111              1100 0101
```

演習 4.5 $(-95)_{10} = (1010\,0001)_2$, $(-102)_{10} = (1001\,1010)_2$

```
    0110 0110              101 1111
 +) 1010 0001          +) 1001 1010
    ──────────             ─────────
  1 0000 0111              1111 1001
     = (7)_{10}             = (-7)_{10}
```

5 章

演習 5.1 $(1.0)_{10} = (1.0)_2 = (0.0001)_2 \times 16^1$ より

$(1.0)_{10} = (0100\,0001\,0001\,0000\,0000\,0000\,0000\,0000)_2$

$(-1.0)_{10} = (1100\,0001\,0001\,0000\,0000\,0000\,0000\,0000)_2$

$(0.1)_{10} = (0.0001\,1001\,1001\,1001\,1001\,\cdots)_2$ より
$(0.1)_{10} = (0100\,0000\,0001\,1001\,1001\,1001\,1001\,1001)_2$

$(0.0001)_{10} = (0.4096)_{10} \times 16^{-3}, (64-3)_{10} = (011\,1101)$
$(0.4096)_{10} = (0.0110\,1000\,1101\,1011\,1001\,0111\,\cdots)_2$ より
$(-0.0001)_{10} = (1011\,1101\,0110\,1000\,1101\,1011\,1001\,0111\,\cdots)_2$

$(10.1)_{10} = (1010.0001\ 1001\ 1001\ 1001\ \cdots)_2$
$= (0.1010\ 0001\ 1001\ 1001\ 1001\ \cdots)_2 \times 16^1$ より
$(10.1)_{10} = (0100\ 0001\ 1010\ 0001\ 1001\ 1001\ 1001\ 1001)_2$

$(9.0)_{10} = (1001.0000\ 0000\ 0000\ 0000\ 0000)_2$
$= (0.1001\ 0000\ 0000\ 0000\ 0000\ 0000)_2 \times 16^1$ より
$(-9.0)_{10} = (1100\ 0001\ 1001\ 0000\ 0000\ 0000\ 0000\ 0000)_2$

演習 5.2 略

演習 5.3 $(01000001)_2 =$ 'A', $(01011010)_2 =$ 'Z',
$(01100001)_2 =$ 'a', $(01111010)_2 =$ 'z', $(00100011)_2 =$ '#'

演習 5.4 例 "Miyauchi Minami"
$(4D\ 69\ 79\ 61\ 75\ 63\ 68\ 69\ 20\ 4D\ 69\ 6E\ 61\ 6D\ 69)_{16}$

6 章

演習 6.1 分配則 $x \cdot (y + z) = x \cdot y + x \cdot z$

x	y	z	$y+z$	$x \cdot (y+z)$	$x \cdot y$	$x \cdot z$	$x \cdot y + x \cdot z$
0	0	0	0	0	0	0	0
0	0	1	1	0	0	0	0
0	1	0	1	0	0	0	0
0	1	1	1	0	0	0	0
1	0	0	0	0	0	0	0
1	0	1	1	1	0	1	1
1	1	0	1	1	1	0	1
1	1	1	1	1	1	1	1

演習 6.2 吸収則 $x \cdot (x + y) = x$, $x + x \cdot y = x$

x	y	$x+y$	$x \cdot (x+y)$	$x \cdot y$	$x + x \cdot y$
0	0	0	0	0	0
0	1	1	0	0	0
1	0	1	1	0	1
1	1	1	1	1	1

演習 6.3 ド・モルガン則 $\overline{x \cdot y} = \bar{x} + \bar{y}$, $\overline{x + y} = \bar{x} \cdot \bar{y}$

x	y	$\overline{x \cdot y}$	$\bar{x} + \bar{y}$	$\overline{x + y}$	$\bar{x} \cdot \bar{y}$
0	0	1	1	1	1
0	1	1	1	0	0
1	0	1	1	0	0
1	1	0	0	0	0

演習 6.4 2入力 x, y が同じ時, 出力 $z = 1$

x	y	z
0	0	1
0	1	0
1	0	0
1	1	1

$z = \bar{x} \cdot \bar{y} + x \cdot y$

演習 6.5 2入力のセレクタ, 入力 a, b, x, 出力 c

x	a	b	c
0	0	0	0
0	0	1	0
0	1	0	1
0	1	1	1
1	0	0	0
1	0	1	1
1	1	0	0
1	1	1	1

$c = \bar{x}a\bar{b} + \bar{x}ab + x\bar{a}b + xab = \bar{x}a + xb$

演習 6.6 略

7章

演習 7.1 減算器の3入力 a, b, s, 2出力 d, e

被演算数 (a)	演算数 (b)	下位桁からの借り (c)	減算値 (d)	上位桁からの借り (e)
0	0	0	0	0
0	0	1	1	1
0	1	0	1	1
0	1	1	0	1
1	0	0	1	0
1	0	1	0	0
1	1	0	0	0
1	1	1	1	1

$$d = \bar{a}\bar{b}c + \bar{a}b\bar{c} + a\bar{b}\bar{c} + abc = (a \oplus b) \oplus c$$
$$e = \bar{a}\bar{b}c + \bar{a}b\bar{c} + \bar{a}bc + abc = \bar{a}b + \bar{a}c + bc$$

演習 7.2　7.1 節 参照

演習 7.3　7.2.1 節, 付録 C 参照

演習 7.4　7.2.3 節 参照

演習 7.5　2.2 節, 7.3 節 参照

8 章

演習 8.1　二数は主記憶上の位置 X,Y に格納されており，その大きいほうを Z に格納する．ラベル L1 を使う．

```
   LOAD AX,X      演算レジスタ AX に X の内容を転送
   CMP  AX,Y      AX と Y の内容を比較
   JPL  L1        非負すなわち AX のほうが大きければ L1 へ
   LOAD AX,Y      AX に Y の内容を転送
L1 LOAD AX,Z      AX の値を Z に転送
```

演習 8.2　X の 3 乗．結果を Y に格納する．

```
   LOAD AX,X      演算レジスタ AX に X の内容を転送
   MUL  AX,X      AX * X
```

```
            MUL  AX,X      AX * X
            LOAD AX,Y      AX の値を Y に転送
```

演習 8.3　略

演習 8.4　8.4 節 参照

演習 8.5　略

9 章

演習 9.1　略．例 (4) のような形で書く．

演習 9.2　略

演習 9.3　(a) の複利計算の例

(1) 元金, 利率, 年数を入力して，年数までの 1 年ごとの元利合計を計算する．

(2) 入力は元金, 利率, 年数．出力は 1 行につき年と元利合計を指定した年数まで．

(3) アルゴリズムの例

1. 元金, 利率, 年数を入力
2. 初期値を決める
   2.1 カウンタを 0 にする
   2.2 元利合計は元金の値にする
3. <u>WHILE</u> カウンタの値が年数を超えない限りは
   3.1 カウンタを 1 増やす
   3.1 元利合計を (1 + 利率/100) 倍する
   3.2 カウンタと元利合計の値を出力

10 章

演習 10.1　略

演習 10.2　以下のような例がある

整数型：人数 45

実数型：体温 36.5

文字型：等級 'A'

論理型：判定結果 TRUE

文字列：名前 "Ichiro"

ベクトル：座標 (100,200)

レコード：会員情報の例

(会員番号 (文字列), 氏名 (文字列), 住所 (文字列), 電話番号 (文字列), 生年月日 (3個の正の整数), 性別 (文字)), 入会した年月日 (3個の正の整数), 会費納入の有無 (2値), 会合参加回数 (正の整数), 備考 (文字列)) = (A01234, 山田太郎, xx 県 oo 市 ** 町, 011-222-3333, 1970-01-01, M, 1995-04-04, 1, 25, 広報担当)

演習 10.3 (a) 複利計算の例

(1) 入力する情報, 変数名, 型, 値の例

元金, gankin, 整数, 30000

利率, riritu, 実数, 1.5

年数, nensu, 整数, 10

(2) 計算結果など使うデータ, 変数名, 型

元利合計, goukei, 実数

年数のカウンタ, counter, 整数

11 章

演習 11.1 (b) 最小値の例

問題定義

- □ いくつかのデータを入力し, 最小値を見つけ出力する.
- □ 例外処理は行わない
- □ 入力：データの個数, データ
- □ 出力：最小値
- □ 停止条件：一度処理して終了

データ データの個数 (kosu, 整数) データ (data 実数) 最小値 (min 実数)

アルゴリズム

1. データの個数 kosu を入力する
2. 初期値設定
    2.1 データ data を入力
    2.2 データ data を最小値 min に代入
3. <u>FOR</u> (kosu-1) 回 繰返し実行

3.1 IF(もし) data が min より小さい THEN(ならば)

3.2 min に data を代入

4. min を出力

(e) 複利計算の例

問題定義

□ 元金, 利率, 年数を入力して, 年数までの 1 年ごとの元利合計を計算する.
□ 例外処理は行わない
□ 入力：元金, 利率, 年数
□ 出力：出力は 1 行につき年と元利合計. 指定した年数まで.
□ 停止条件：一度処理して終了

データ 元金 (gankin, 整数) 利率 (riritu, 実数) 年数 (nensu, 整数) 元利合計 (goukei, 実数) 年数のカウンタ (counter, 整数)

アルゴリズム

1. 元金 gankin, 利率 riritu, 年数 nensu を入力

2. 初期値を決める

    2.1 年数のカウンタ counter を 0 にする

    2.2 元利合計 goukei に gankin を代入

3. WHILE counter が nensu を超えない間は

    3.1 couner を 1 増やす

    3.1 goukei を (1+riritu/100) 倍する

    3.2 counter と goukei を出力

演習 11.2 実行時のデータの並びは以下のようになる.

bango	maxban	max	data[1]	[2]	[3]	[4]	[5]	[6]	[7]	[8]	[9]	[10]
			13	34	86	92	55	26	97	73	68	41
1	7	97	97	34	86	92	55	26	13	73	68	41
2	4	92	97	92	86	34	55	26	13	73	68	41
3	3	86	97	92	86	34	55	26	13	73	68	41
4	8	73	97	92	86	73	55	26	13	34	68	41
5	9	68	97	92	86	73	68	26	13	34	55	41

D 命令セットと命令実行の例

6	9	55	97	92	86	73	68	55	13	34	26	41
7	10	41	97	92	86	73	68	55	41	34	26	13
8	8	34	97	92	86	73	68	55	41	34	26	13
9	9	26	97	92	86	73	68	55	41	34	26	13

演習 11.3 〜 12.3　略

索　引
(五十音順)

あ　行

アイコン　87
アキュムレータ　76
アクセス　16
アセンブラ　82
アセンブリ言語　81
値　104
アドレシング　73
アドレス　21, 73, 104
　――バス　21, 76
　――方式　73
アナログ信号　126, 128
アプリケーション
　――ソフトウェア　85
　――プロトコル　140
アルゴリズム　95, 110
安全性　144

イーサネット　133, 139
異常や障害の処理　89
1次元データ列　105
1の補数　34
　――表現　34
5つの基本構成要素　13
印刷装置　16
インターネット　8, 126, 137, 145
　――上のアプリケーション　140
　――プロトコル　137
インタフェース　17
インタプリタ　84
イントラネット　141

ウィンドウ　87, 124

エディタ　8, 85, 121
遠隔ログイン　140
演算　112
　――回路　67
　――装置　13
　――の優先順位　55
　――レジスタ　76

応用ソフトウェア　12, 85, 143
オブジェクトプログラム　84
オペランド　81
オペレーティングシステム　87
重み　24
音声認識
　――装置　16
　――入力装置　16
　――のディジタル化　131
オンラインマニュアル　101

か　行

解決方法
　――の実現　100
　――の設計　94
回線交換　133, 134
開発ツール　121
外部記憶装置　14
会話型処理　123
カウンタ　73
書き込み　16
格納　16
加減算回路　70

かさあげ表現　33
加算　37
　――器　67
箇条書き文　98
仮数　47
仮想記憶　89
仮想マシン　88
画像のディジタル化　132
型　104
借り　38
関係演算　112
関数　111
漢字コード　51

キーボード　16, 18
記憶
　――階層　74
　――回路　67, 72
　――機能　4, 145
　――装置　14
　――の階層構成　16
機械語　81
記号語　82
基数　24, 47
　――の変換　25
記数法　24
起動用プログラム　18
揮発性　74
基本ソフトウェア　12, 18, 85, 143
基本論理演算　55
基本論理回路　60
キャッシュメモリ　74
キロバイト　25

組合せ回路　67
組込み制御コンピュータ　7
クライアント／サーバ・モデル　127, 141
位取り記数法　24
グラフィカルユーザインタフェース　88, 121, 144
繰返し　95, 113
クロック周波数　80

経営情報システム　145
計算機能　4, 145
経路制御　140
ゲート　60
桁上げ　37
言語処理プログラム　84
検索　104
減算　38
検証　100

広域ネットワーク　132
高級言語　83
コード　23
構内ネットワーク　132
誤差　47
構造化
　——設計　95, 111
　——設計図法　96
　——プログラミング　95
固定小数点方式　44
コネクション型　136
コネクションレス型　136
コマンド　87
　——インタプリタ　87
コンパイラ　84, 121
コンピュータ　2
　——システムのネットワーク化　125

　——ネットワーク　125, 144
　——ネットワークの歴史　125
　——本体　13
　——の基本構成　13
　——の構成　76
　——の種類　6, 17
　——の由来　4
　——の四大機能　4
　——の利用形態　123

さ 行

サービスプログラム　85
再帰処理　114
最近の情報環境の情勢　142
最小項　57
サブルーチン　111
参照　112
算術
　——演算　67, 112
　——論理演算装置　75
　——論理演算部　71

支援プロトコル　140
式　112
磁気テープ　14, 75
磁気的な記憶　74
資源管理プログラム　88
指数　47
自然言語　83
実数型　105
実行プログラム　84
シフトJISコード　52, 151
シミュレーション　145
シャノンの標本化定理　131
集積回路　59
集中システム　18

周辺機器　11
周辺装置　13
主加法標準形　57
主記憶　74
　——装置　13, 14, 76
10進数　23, 24
　——から2進数への変換　27
　——から8進数への変換　30
　——から16進数への変換　31
10, 16, 8, 2進数の対応　26
16進数　23, 25
出力　1, 112
　——装置　13, 16
主プログラム　113
順次　95, 113
順序回路　67, 72
乗算　41
情報　3, 11
　——システム　11
　——システムの構成　11
情報処理　1
　——の例　2
情報量　3
除算　42
ジョブ管理　89
処理手順の設計　110
処理手順の記述　112
処理手順の制御　112
処理の基本3構造　95, 113
処理の基本要素　112
処理プログラム　85
シリアル（直列）伝送　127
信号の表し方　128
信頼性　144

索　引

真理値表　55

スーパーコンピュータ　17
スキャナ　16
ストア　16, 21
スプレッドシート　8
制御機能　5, 145
制御装置　13, 14, 75
制御プログラム　85
整数型　105
整列　104, 117
セーブ　16
セキュリティ　144
積和標準形　57
全加算器　68
選択　95, 113

ソースプログラム　84
ソート　104, 117
ゾーン10進数　45
素子の変遷　4
ソフトウェア　5, 78, 143, 146
　――開発の方法　119
　――の種類　85

た　行

代入　112
ダウンサイジング　143
多次元データ　105
多重プログラミング　90
多数決論理　57
タスク管理　89, 90
段階的詳細化　95
単独利用　123

逐次処理　158
知識　3
中央処理装置　13, 75

直接選択法　118
直列（シリアル）伝送　127

通信　1
　――機能　4, 145
　――規約　125
　――装置　17
　――とネットワークの管理　89
　――の基礎知識　127
ツール　85

ディジタル
　――カメラ　16
　――信号　126, 128
定数　104
ディスク　14, 75
　――キャッシュ　75
ディスプレイ　19
　――装置　16
ディレクトリ階層　89
データ　3
　――型　105
　――管理　8
　――構造　105
　――通信　127
　――の構成　3
　――の設計　102
　――の転送　16, 21
　――の表現方法　3
　――バス　21, 76
　――量　3
　――リンク層　138
データベース　108
　――管理システム　108
　――システム　108, 143, 145
デコーダ　77

デコード　19, 78
デスクトップ型　7
テスト　100
手続き　111
デバッガ　121
デバッグ　100
電気的な記憶　74
電子会議　145
電子ニュース　8
電子メール　8, 145
電子メディア情報　108
伝送速度　130

統合環境　121
ドメイン名システム　140
ドライバ　89
トランザクション処理　124
トランジスタ　59
トランスポート層　137

な　行

名前　104

ニーモニックコード　81
二次記憶装置　14
2進化10進数　45
2進数　23, 24
　――から10進数への変換　26
　――と8進数の変換　29
　――と16進数の変換　29
　――の四則演算　37
2値素子　59
2の補数　34
　――表現　35
　――を使った減算　39
入出力管理　89
入出力装置　16, 76

入力　1, 112
　——装置　13

ネットニュース　140
ネットワーク　11
　——アクセス層　138
　——管理　140
　——層　138
　——の相互接続　137

ノート型　7

　　は　行

バーコードリーダ　16
パーソナルコンピュータ　7, 18
ハードウェア　5, 58, 81, 142
ハードディスク　14, 18, 75
排他的論理和　63
バイト　25
ハイパーテキスト　144
配列　105
パケット　133
　——交換　133, 134
バス　17, 76
パソコン　18
　——通信　8, 145
8進数　23, 25
　——と16進数の変換　31
パック10進数　45
パッケージプログラム　85
バッチ処理　124
パラレル（並列）伝送　127
半加算器　67
番地　16, 73, 104
半導体　59
　——メモリ　74
反復　95, 113

汎用コンピュータ　6
汎用性　5
汎用レジスタ　77

光磁気　14, 75
ビット　25
　——シフト　41
　——レート　130
表計算　8
　——ソフト　18
表示装置　16
標準コード　49
標本化　131

ファイアウォール　141
ファイル　87, 107
　——サーバ　127
　——システム　87, 89
　——転送　140
　——マネジャー　87
　——名　89
フィールド　107
ブール代数　54
　——の定理　56
フェッチ　19, 78
不揮発性　74
復号化　132
副プログラム　111
符号化　131
符号ビット　33
浮動小数点方式　45, 47
物理層　138
負の数の表現　33
ブラウザ　141
フリーソフトウェア　143
ブリッジ　139
プリンタ　16, 19
フローチャート　95

プログラム　5, 78, 146
　——言語　80
　——内蔵方式　5
プロセス管理　89, 90
プロッタ　16
フロッピーディスク　14, 19, 75
プロトコル　125
文　112
分岐　95, 113
分散システム　12, 125
文書化　100
文書処理　8

併合　104
並列処理　158
並列（パラレル）伝送　127
べき乗　47
ヘルプ機能　101
変数　104

ポインティングデバイス　16
保守　101
補助記憶　74
　——装置　14
補数　34
保存　16

　　ま　行

マイクロコンピュータ　18
マイクロプロセッサ　18
マウス　16, 18, 87
マニュアル　100
マルチウィンドウ　144
　——システム　124
マルチタスク機能　89
マルチメディア　144
　——情報　126

索　引

マルチユーザシステム　124

ミニコンピュータ　18

命令　13, 76, 78, 80
　　——コード　81
　　——実行サイクル　158
　　——セット　81
　　——セットと命令実行の例　157
　　——の実行　19, 79
　　——のフェッチ，解読，実行のサイクル　80
　　——レジスタ　76
メインフレーム　18
メール転送　140
メール取り出し　140
メガバイト　25
メッセージ　87
メディア　3
メモリ　72, 76
　　——管理　89

文字型　105
文字コード　49, 149
モジュール　111
　　——の呼び出し　113
モデム　135
モニタ　16
問題解決の方法　92
問題の分析と定式化　94

や　行

ユーザインタフェース　87, 89
ユーザプログラム　85
ユーティリティプログラム　85

読み出し　16

ら　行

リアルタイム処理　124
リピータ　139
利用環境　144
量子化　131
リンカ　84, 121
リンケージエディタ　84
倫理性　144

ルータ　139
ルーチン　111

レコード　107
レジスタ　73, 74, 75
　　——群　14, 75

ローダ　121
ロード　16, 21
　　——モジュール　84
論理　54
　　——演算　54, 71, 112
　　——回路　55, 57, 58
　　——型　105
　　——関数　55
　　——記号　60
　　——式　57
　　——積　55
　　——値　52, 54
　　——的機構　77
　　——否定　55
　　——変数　54
　　——和　55

わ　行

ワークステーション　6, 18
ワード　33

ワープロ　8
　　——ソフト　18

欧　字

ALU　13, 71, 75
AND　55
　　——回路　60
ANSI　153
ASCIIコード　49, 51
ATM　145

BASIC　83
BCD　45

C　83
C++　83
CD-ROM　14, 75
CIM　145
COBOL　83
CPU　13, 59, 75, 76

database　108
DBMS　108
DIN　153
DNS　140
DSU　135
DTP　145

EBCDIC　49
EUC　51, 149

FA　145
FD　14
FORTRAN　83
FTP　140

GIS　145
GPS　145

GUI 88, 144
HD 14
HTTP 140

IAB 154
IBM PC/AT 7
IEEE 153
IETF 154
I/O 16, 76
IP 138
——アドレス 138
ISDN 126
ISO 125, 153
ITU-T 153

Java 83
JIS 150
——コード 52
——C 153
——7 150
——7単位コード 152
——8 150
——8単位コード 151

LAN 125, 132
——の相互接続 139
LISP 83

MACアドレス 139

Macintosh 7, 143
MO 14
MSB 34
MS-DOS 7, 89, 143
MS-Windows 7
MT 14

NAND回路 64
NNTP 140
NOR回路 64
NOT 55
——回路 62
NSチャート 95
OA 145
OCR 16, 145
OMR 16
OR 55
——回路 61
OS 86, 143
——の主要機能 89
OSI 153
——参照モデル 125, 127
——標準プロトコル 126

PAD 95
Pascal 83
PC 7
PCM 130
PDS 143
POP 140

POS 145
Prolog 83

r進数 24
RAM 74
RFC 154
RIP 140
ROM 18, 74

SMTP 140
SNMP 140
SPD 95
SRフリップフロップ 155

TCP 137
TCP/IP 126, 137
Telnet 140
TSS 124

UDP 137
UNIX 6, 89, 143

VLSI 59

WAN 126, 133
WS 6
WWW 140

XOR回路 63

著者略歴

宮内ミナミ（みやうちみなみ）

1985年　慶應義塾大学大学院工学研究科修了

産業能率大学経営情報学部教授
工学博士

森本喜一郎（もりもときいちろう）

1979年　慶應義塾大学大学院工学研究科修了

産業能率大学経営情報学部教授

情報科学の基礎知識　　　　　　定価はカバーに表示

1998年4月5日　初版第1刷
2014年9月15日　新版第1刷
2024年1月25日　　　第8刷

著　者　宮　内　ミ　ナ　ミ
　　　　森　本　喜　一　郎
発行者　朝　倉　誠　造
発行所　株式会社　朝　倉　書　店
　　　　東京都新宿区新小川町6-29
　　　　郵便番号　162-8707
　　　　電話　03(3260)0141
　　　　FAX　03(3260)0180
　　　　http://www.asakura.co.jp

〈検印省略〉

ⓒ 2014〈無断複写・転載を禁ず〉　　　Printed in Korea

ISBN 978-4-254-12201-5　C 3041

JCOPY ＜出版者著作権管理機構　委託出版物＞

本書の無断複写は著作権法上での例外を除き禁じられています．複写される場合は，そのつど事前に，出版者著作権管理機構（電話 03-5244-5088, FAX 03-5244-5089, e-mail: info@jcopy.or.jp）の許諾を得てください．

九州工業大学情報科学センター編

デスクトップLinuxで学ぶ コンピュータ・リテラシー

12196-4 C3041　　B5判 304頁 本体3000円

情報処理基礎テキスト（UbuntuによるPC-UNIX入門）。自宅ＰＣで自習可能。［内容］UNIXの基礎／エディタ，漢字入力／メール，Web／図の作製／LaTeX／UNIXコマンド／簡単なプログラミング他

前東北大 丸岡　章著

情 報 ト レ ー ニ ン グ
──パズルで学ぶ，なっとくの60題──

12200-8 C3041　　A5判 196頁 本体2700円

導入・展開・発展の三段階にレベル分けされたパズル計60題を解きながら，情報科学の基礎的な概念・考え方を楽しく学べる新しいタイプのテキスト。各問題にヒントと丁寧な解答を付し，独習でも取り組めるよう配慮した。

前日本IBM 岩野和生著
情報科学こんせぷつ 4

ア ル ゴ リ ズ ム の 基 礎
──進化するＩＴ時代に普遍な本質を見抜くもの──

12704-1 C3341　　A5判 200頁 本体2900円

コンピュータが計算をするために欠かせないアルゴリズムの基本事項から，問題のやさしさ難しさまでを初心者向けに実質的にやさしく説き明かした教科書〔内容〕計算複雑度／ソート／グラフアルゴリズム／文字列照合／NP完全問題／近似解法

慶大 河野健二著
情報科学こんせぷつ 5

オペレーティングシステムの仕組み

12705-8 C3341　　A5判 184頁 本体3200円

抽象的な概念をしっかりと理解できるよう平易に記述した入門書。〔内容〕Ｉ／Ｏデバイスと割込み／プロセスとスレッド／スケジューリング／相互排除と同期／メモリ管理と仮想記憶／ファイルシステム／ネットワーク／セキュリティ／Windows

---

明大 中所武司著
情報科学こんせぷつ 7

ソ フ ト ウ ェ ア 工 学（第3版）

12714-0 C3341　　A5判 160頁 本体2600円

ソフトウェア開発にかかわる基礎的な知識と"取り組み方"を習得する教科書。ISOの品質モデル，PMBOK，UMLについても説明。初版・2版にはなかった演習問題を各章末に設定することで，より学習しやすい内容とした。

日本IBM 福田剛志・日本IBM 黒澤亮二著
情報科学こんせぷつ12

デ ー タ ベ ー ス の 仕 組 み

12713-3 C3341　　A5判 196頁 本体3200円

特定のデータベース管理ソフトに依存しない，システムの基礎となる普遍性を持つ諸概念を詳説。〔内容〕実体関連モデル／リレーショナルモデル／リレーショナル代数／SQL／リレーショナルモデルの設計論／問合せ処理と最適化／X Query

---

東北大 安達文幸著
電気・電子工学基礎シリーズ 8

通 信 シ ス テ ム 工 学

22878-6 C3354　　A5判 176頁 本体2800円

図を多用し平易に解説。〔内容〕構成／信号のフーリエ級数展開と変換／信号伝送とひずみ／信号対雑音電力比と雑音指数／アナログ変調（振幅変調，角度変調）／パルス振幅変調・符号変調／ディジタル変調／ディジタル伝送／多重伝送／他

東北大 塩入　諭・東北大 大町真一郎著
電気・電子工学基礎シリーズ18

画 像 情 報 処 理 工 学

22888-5 C3354　　A5判 148頁 本体2500円

人間の画像処理と視覚特性の関連および画像処理技術の基礎を解説。〔内容〕視覚の基礎／明度知覚と明暗画像処理／色覚と色画像処理／画像の周波数解析と視覚処理／画像の特徴抽出／領域処理／二値画像処理／認識／符号化と圧縮／動画像処理

石巻専修大 丸岡　章著
電気・電子工学基礎シリーズ17

コ ン ピ ュ ー タ ア ー キ テ ク チ ャ
──その組み立て方と動かし方をつかむ──

22887-8 C3354　　A5判 216頁 本体3000円

コンピュータをどのように組み立て，どのように動かすのかを，予備知識がなくても読めるよう解説。〔内容〕構造と働き／計算の流れ／情報の表現／論理回路と記憶回路／アセンブリ言語と機械語／制御／記憶階層／コンピュータシステムの制御

室蘭工大 永野宏治著

信 号 処 理 と フ ー リ エ 変 換

22159-6 C3055　　A5判 168頁 本体2500円

信号・システム解析で使えるように，高校数学の復習から丁寧に解説。〔内容〕信号とシステム／複素数／オイラーの公式／直交関数系／フーリエ級数展開／フーリエ変換／ランダム信号／線形システムの応答／ディジタル信号ほか

上記価格（税別）は 2023 年12月現在